机械工程创新人才培养系列教材

工程图学与实践习题集

主　编　续　丹
参　编　张兴武　王小章　张群明
梁庆宣　史晓军　许睦旬

机　械　工　业　出　版　社

本书为续丹主编的《工程图学与实践》的配套习题集，旨在配合教材帮助学生通过必要的实践环节，完成从基本形体构成、零件设计与制造到装配体设计与制造的表达训练，并通过最后一章完成综合实践环节的综合表达能力训练。本书习题编排顺序与配套教材完全一致，共分四篇，即产品加工制造认识篇、形体表达基础理论篇、机械产品表达篇、实践应用篇，具体内容包括机械加工制造技术、基本几何体的表示方法、组合体的表示方法、机件的图样表示方法、零件的表示方法、装配体的表示方法、图样表达综合实践，各章均设置了适当数量、不同难度的习题。

本书可作为高等院校机类、电类各专业制图课程的配套习题集，也可作为高职高专等其他各类院校相关专业的制图课程配套习题集。与本习题集配套的《工程图学与实践》已由机械工业出版社同步出版，供读者选用。

图书在版编目（CIP）数据

工程图学与实践习题集 / 续丹主编 . —北京：机械工业出版社，2022.11
机械工程创新人才培养系列教材
ISBN 978-7-111-71844-4

Ⅰ. ①工…　Ⅱ. ①续…　Ⅲ. ①工程制图－高等学校－习题集　Ⅳ. ① TB23-44

中国版本图书馆 CIP 数据核字（2022）第 194722 号

机械工业出版社（北京市百万庄大街 22 号　邮政编码 100037）
策划编辑：徐鲁融　　　　责任编辑：徐鲁融
责任校对：李　婷　贾立萍　封面设计：王　旭
责任印制：任维东
北京玥实印刷有限公司印刷
2023 年 5 月第 1 版第 1 次印刷
370mm × 260mm · 10.5 印张 · 256 千字
标准书号：ISBN 978-7-111-71844-4
定价：32.80 元

电话服务　　　　　　　　　网络服务
客服电话：010-88361066　　机　工　官　网：www.cmpbook.com
　　　　　010-88379833　　机　工　官　博：weibo.com/cmp1952
　　　　　010-68326294　　金　　书　　网：www.golden-book.com
封底无防伪标均为盗版　　机工教育服务网：www.cmpedu.com

前　　言

本书主要根据《工程图学与实践》教材的特点，结合教育部高等学校工程图学课程教学指导分委员会 2019 年修订的《高等学校工程图学课程教学基本要求》及近年来发布的《技术制图》和《机械制图》有关国家标准，在普通高等教育"十一五"国家级规划教材《3D 机械制图习题集》的基础上，结合编者团队 19 年的教学实践总结论证，基于西安交通大学本科教改项目规划重新编写完成。

本书由浅入深、循序渐进设置题目，旨在让学生在练习中完成将工程图学的理论知识应用于机械产品从基本形体构成、零件设计与制造，到装配体设计与制造的表达训练，并通过最后一章的综合实践环节完成一次综合表达训练。为配合配套教材所遵循的"实践→认识→再实践→再认识"的认知规律，本书重在实践，训练学生三维设计表达与二维工程图表达相互融合和交互式推进的、三维实体设计表达方法与二维工程图表达方法并重的工程图表达能力。

具体而言，本书具有以下特色：

1）本书力求让学生在练习中体会并构建三维实体结构表达和二维投影表达相融合的知识体系，训练将传统的工程制图与现代的建模表达方法融为一体的设计思维。

2）综合培养三维建模和二维图样表达能力。习题选择与编排由浅入深，循序渐进，通过题目的练习，学生能够获得应用三维设计软件进行实体建模的思路和方法，掌握生成、识读和完善二维工程图样的技能，并能获得利用仪器或徒手进行绘图的能力。

3）紧扣《工程图学与实践》教材，满足教学实践环节的需要，在教材内容学习的基础上，让学生通过实践加深认知。

4）选题新颖，题目数量和难度适当，能够保证学生进行足够的训练。

5）全书相关内容均按照《技术制图》和《机械制图》现行国家标准进行了更新。

参与本书编写的人员及分工为：张兴武编写第一章，续丹编写第二章第一节～第三节、第三章第一节、第七章部分题目，王小章编写第二章第四节、第三章第五节、第四章第六节，张群明编写第三章第二节～第四节，梁庆宣编写第四章第一节～第五节，史晓军编写第五章、第六章题目中的技术要求内容，许睦旬编写第六章主体内容、第七章部分题目。本书由续丹任主编并完成全书统稿。内封参编署名顺序与所负责编写章节顺序一致，重要程度不分先后。

南京航空航天大学段丽玮老师为本书的编写提供了无私的帮助，在此表示衷心的感谢！本书参考了一些相关著作，在此特向有关作者致谢。

由于编者水平有限，加之时间紧迫，内容不当之处在所难免，敬请各位读者批评指正。

编　者

目　录

第一篇　产品加工制造认识篇

第一章　机械加工制造技术

1-1　结合某一具体零件，从零件使用功能、加工工艺等角度简述图样的重要性。

1-2　以轴类零件为例，简述其加工制造方式及加工工艺方式。

1-3　在图片下方填写零件类型。

（1）

(　　　　　　)

（2）

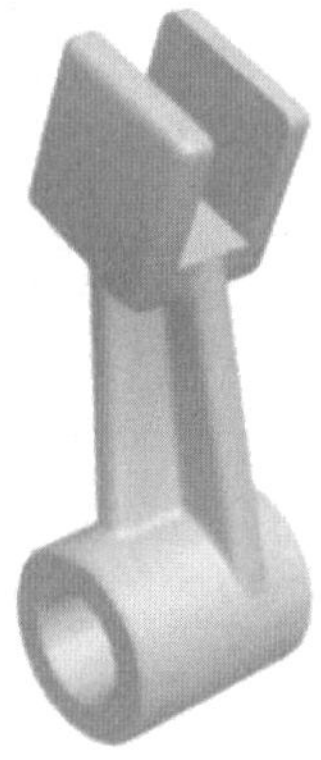

(　　　　　　)

（3）

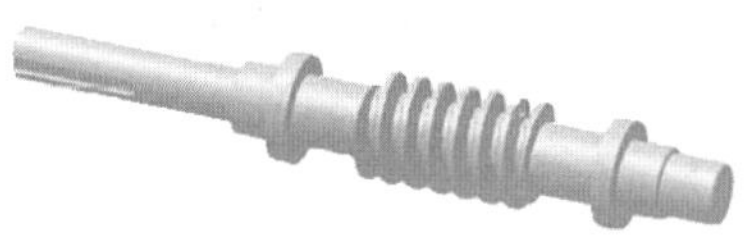

(　　　　　　)

（4）

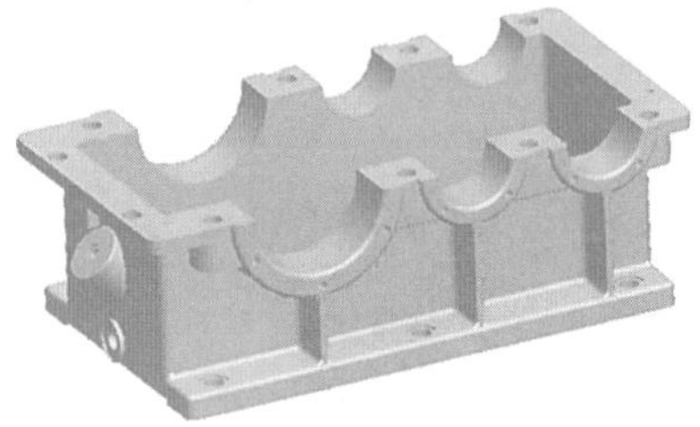

(　　　　　　)

制图　　班级　　学号　　审阅

第二篇　形体表达基础理论篇

第二章　基本几何体的表示方法

2-1　完成如下制图标准练习。

（1）字体练习：

技术要求铸造圆角螺栓柱钉其余垫圈铣焊

班级姓名学号制图审核工艺标准材料比例

（2）数字练习：

1234567890RΦ1234567890RΦ1234567890RΦ

（3）字母练习：

ABCDEFGHIJ KLMNOPQRSTUVWXYZ

abcdefghijklmnopqrstuvwxyzcdefg

（4）线型练习：

粗实线

细实线

点画线

虚　线

箭　头

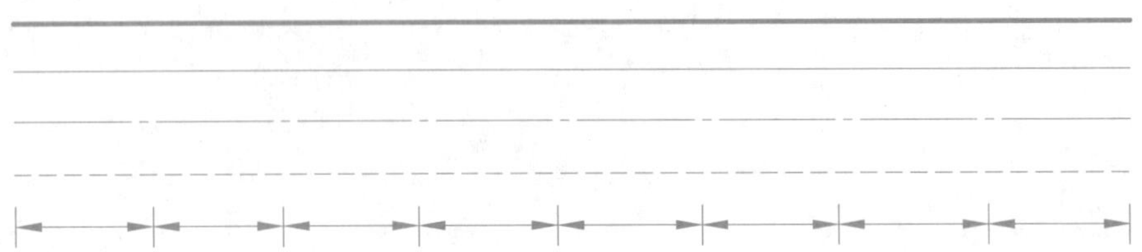

粗实线

细实线

点画线

虚　线

箭　头

（5）尺寸练习：

① 标注尺寸（尺寸数值按照1:1的比例从图中量取并取整数）。

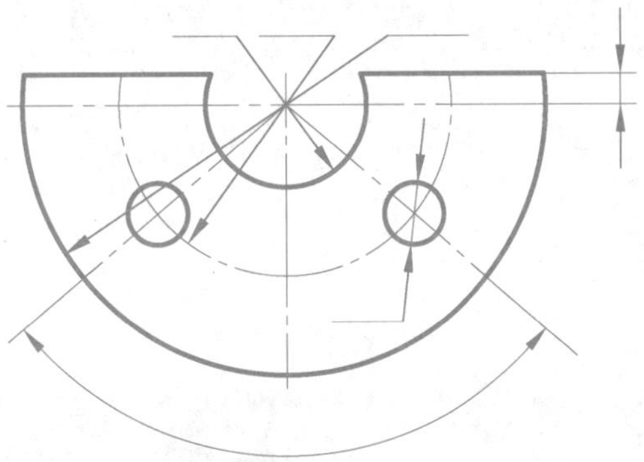

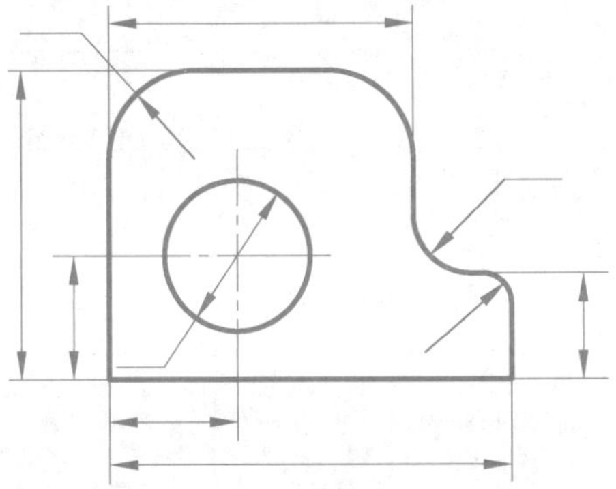

② 找出左图中的错误，在右图中正确标出所有尺寸。

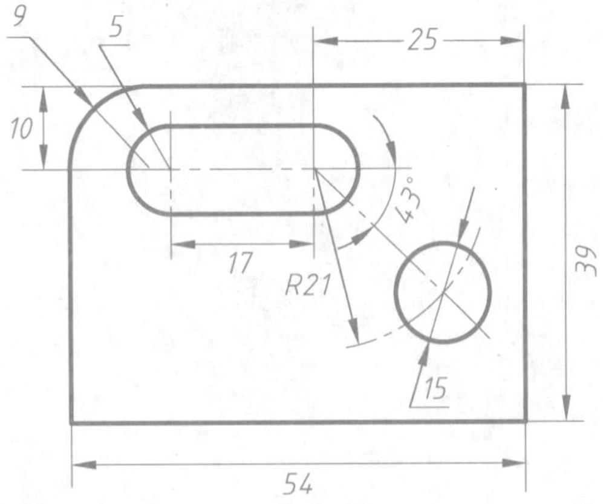

9　5　25　10　43°　17　R21　39　15　54

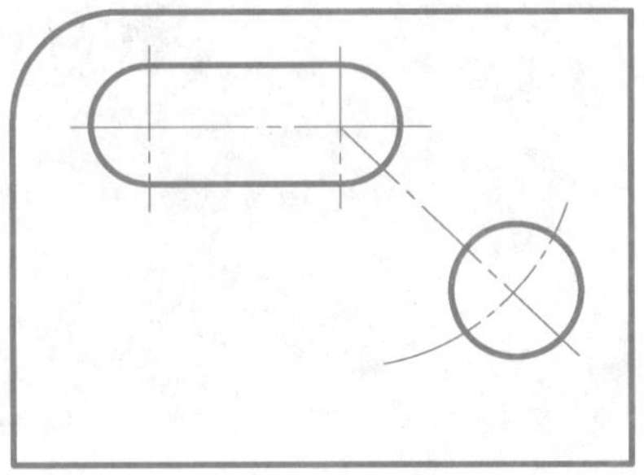

2-2　分析构成该平面图形的尺寸和线段，完成该图在指定位置的绘制，绘制比例为 1:1（注：需抄注尺寸）。

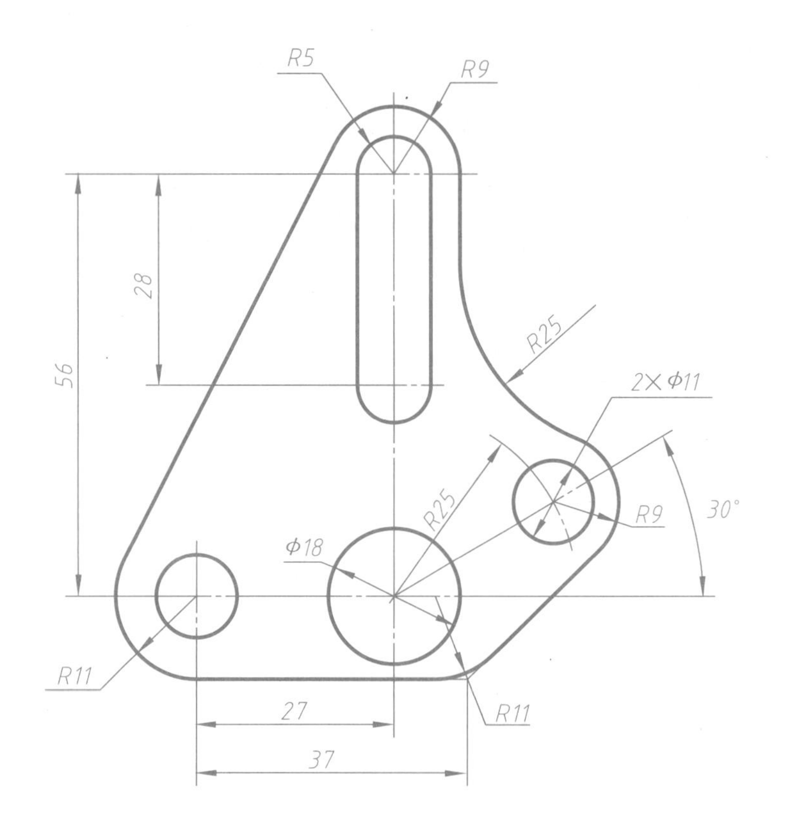

2-3　根据下列所给的立体图，用所学的三维设计软件创建其模型。

（1）

（2）

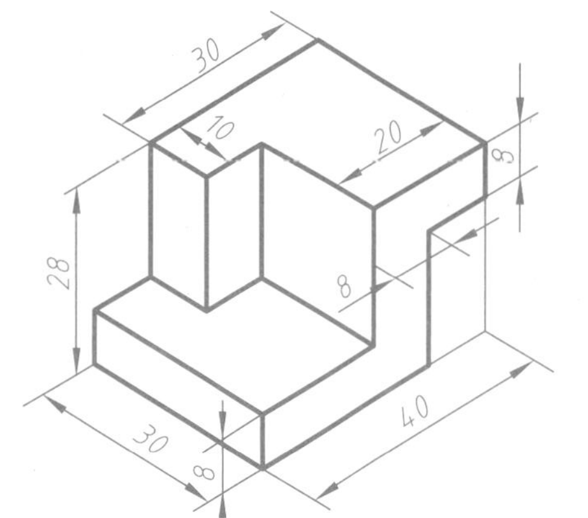

（3）

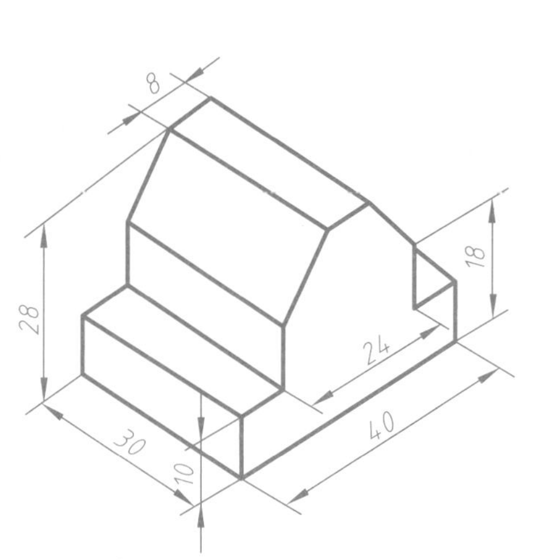

（4）

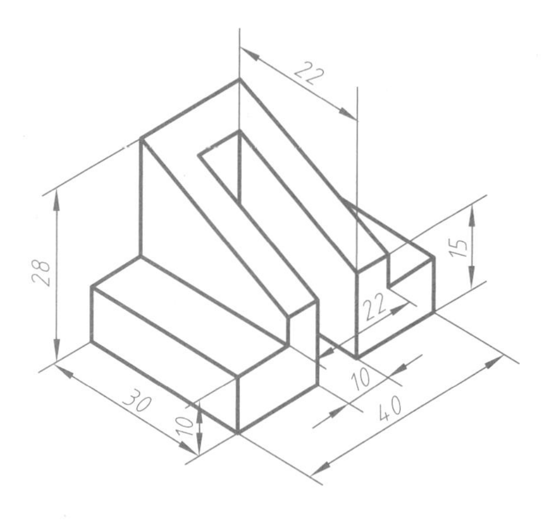

2-4　分析下列立体的构形特点，画出特征平面的轮廓形状并填空。

（1）

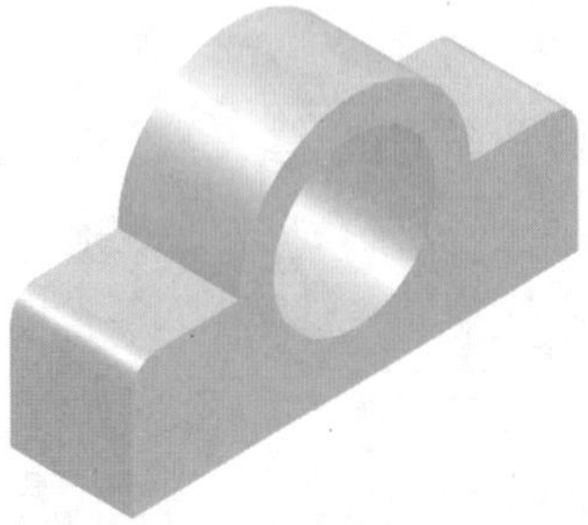

属于________特征运算方式。

（2）

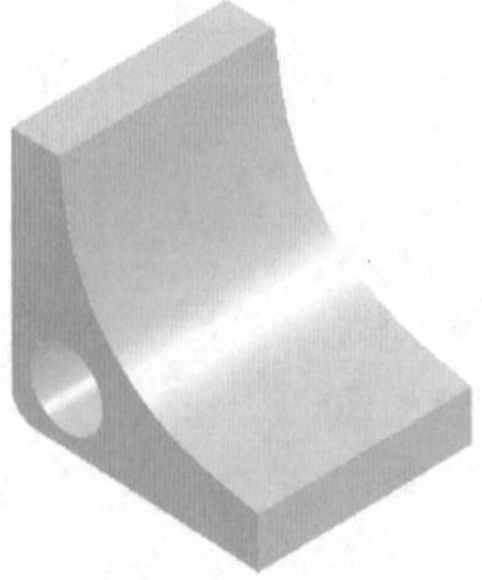

属于________特征运算方式。

（3）

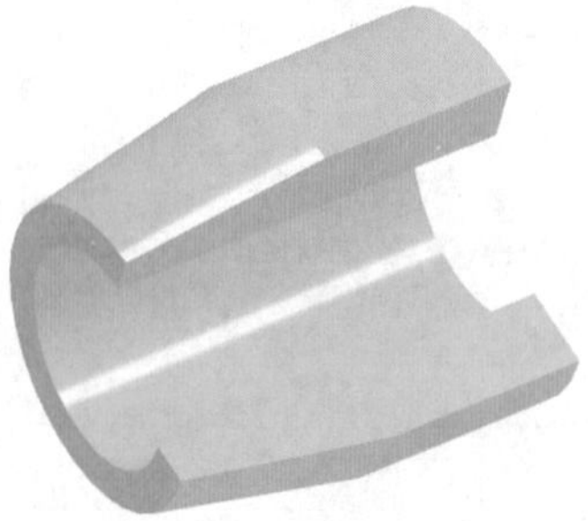

属于________特征运算方式。

（4）

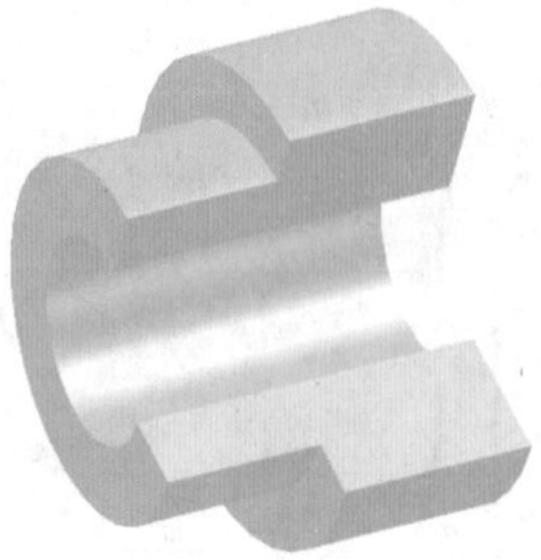

属于________特征运算方式。

（5）

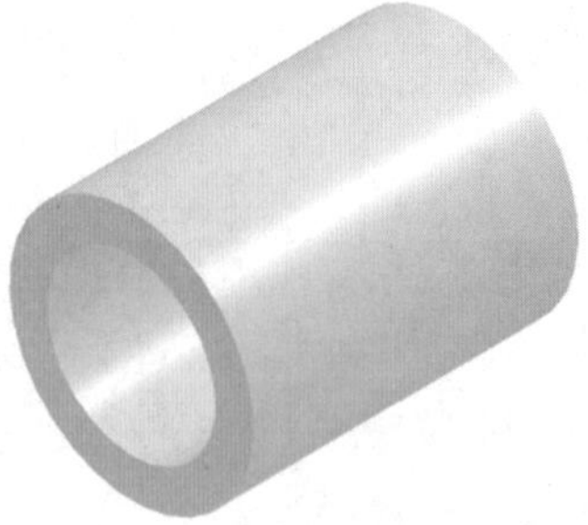

属于________特征运算方式。

（6）

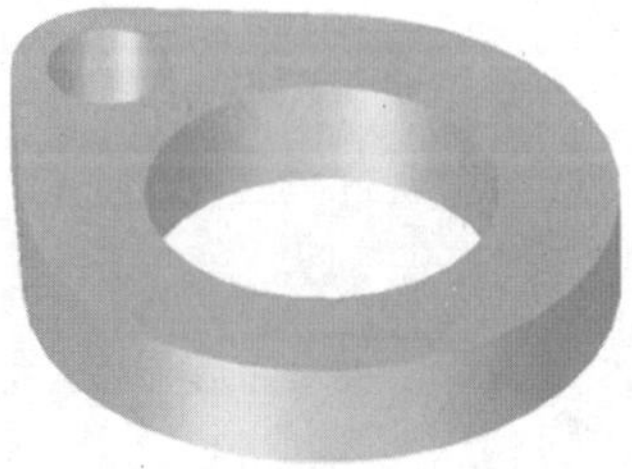

属于________特征运算方式。

（7）

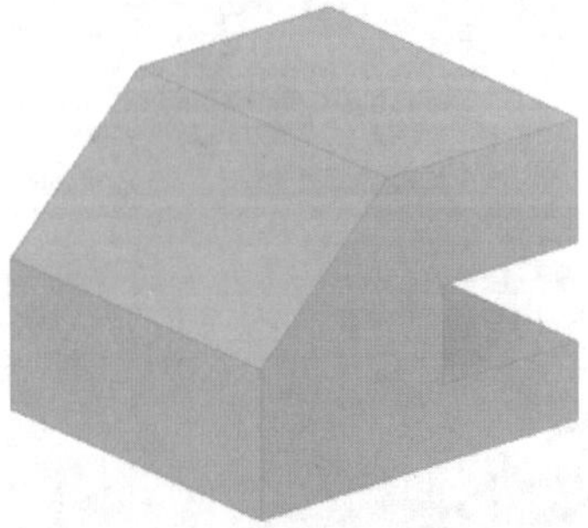

属于________特征运算方式。

（8）

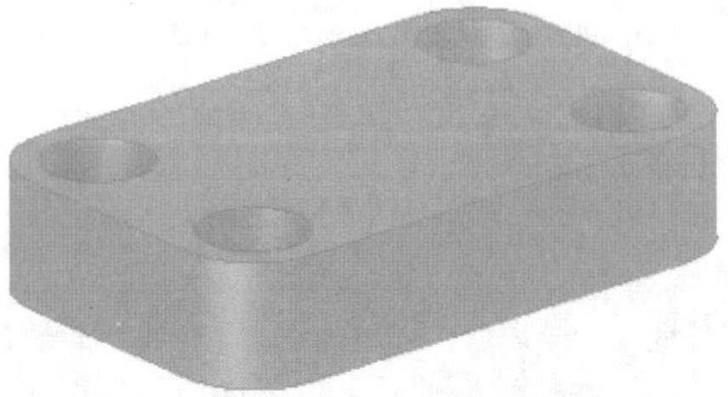

属于________特征运算方式。

（9）

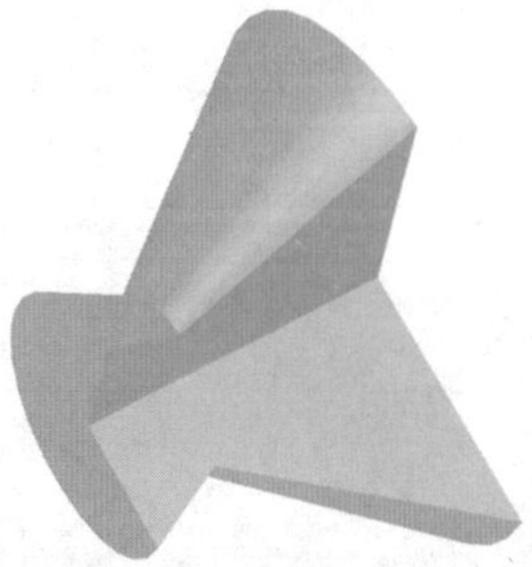

属于________特征运算方式。

（10）

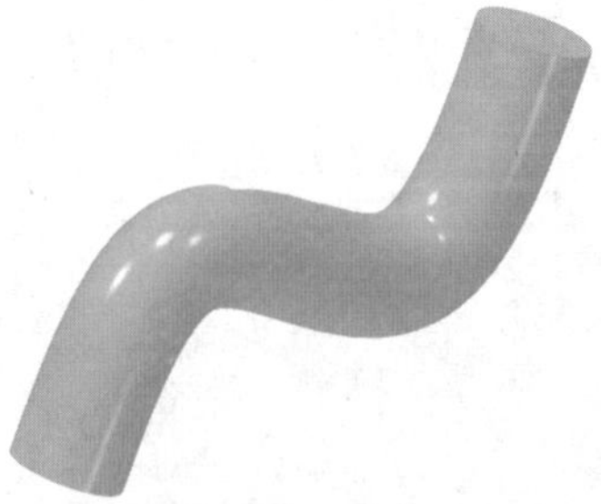

属于________特征运算方式。

2-5　任选两立体，根据给定的尺寸和主视图投射方向，在右侧的指定位置画出相应立体的三视图并标注全部尺寸。也可利用三维设计软件生成投影，注意阴影平面的投影特性。

①
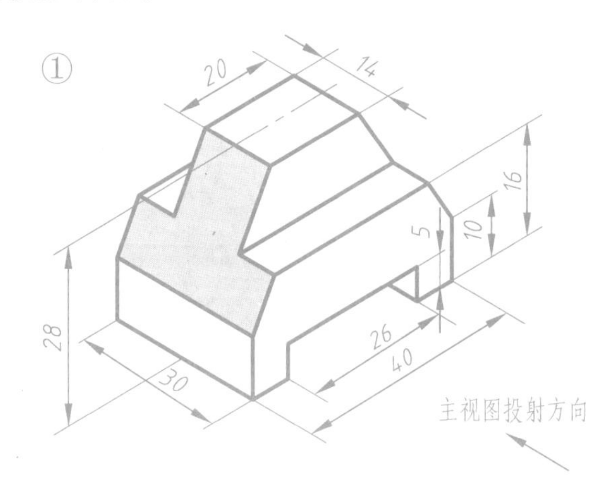

④
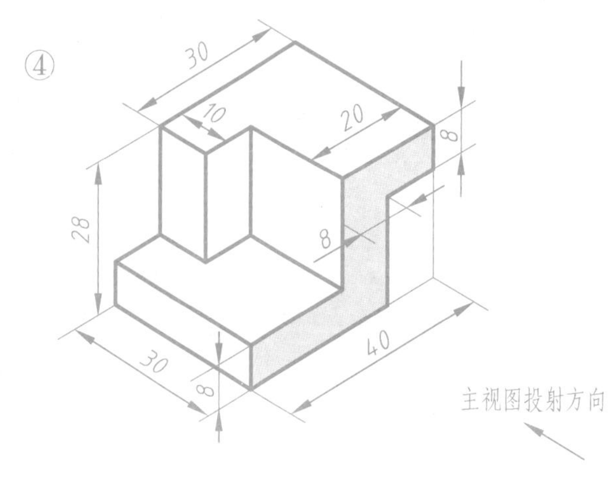

②
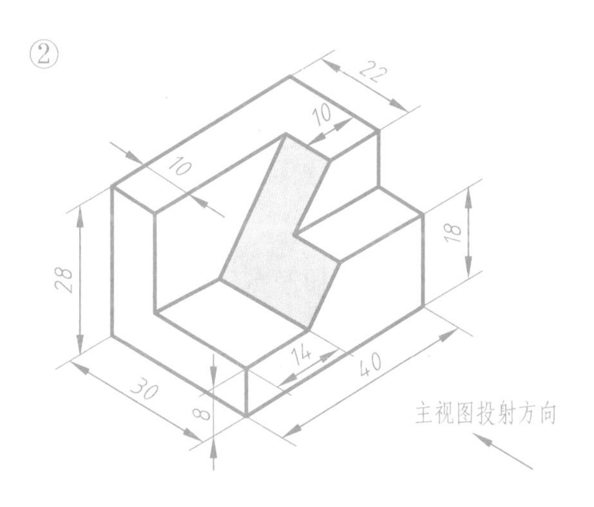

⑤
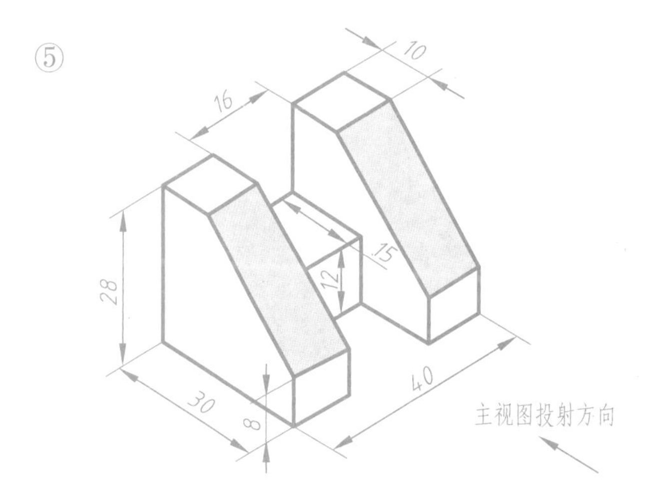

③
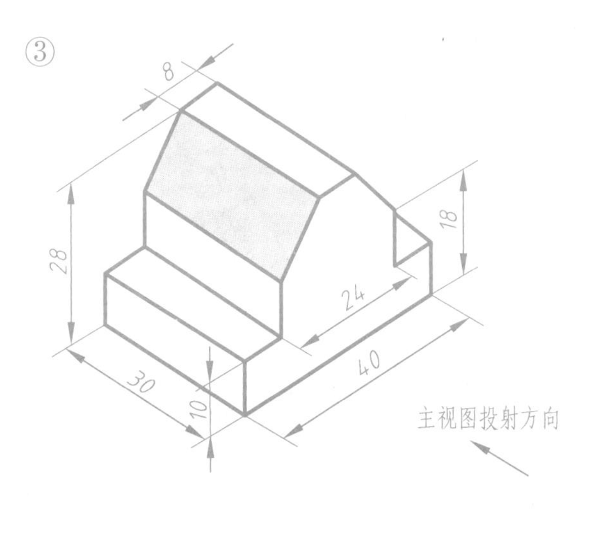

⑥
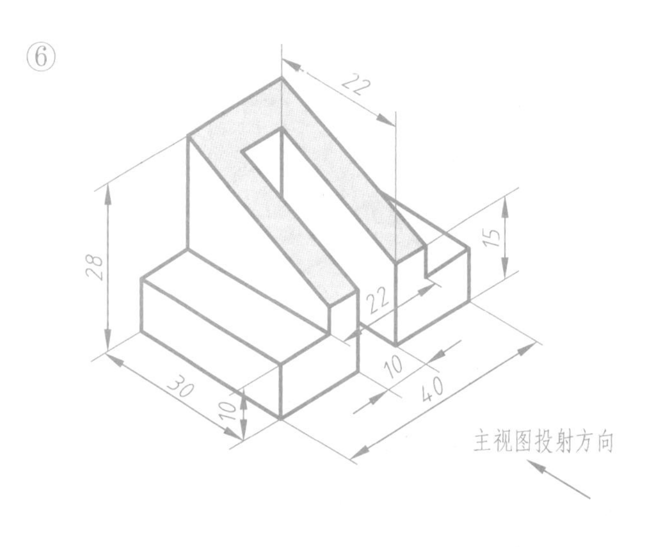

（1）立体________的三视图：

（2）立体________的三视图：

2-6　根据立体图补全三视图。

（1）　（2）　（3）

2-7　根据立体图补全左视图。

2-8　根据立体图补全主视图和左视图。

2-9　根据立体图补全俯视图和左视图。

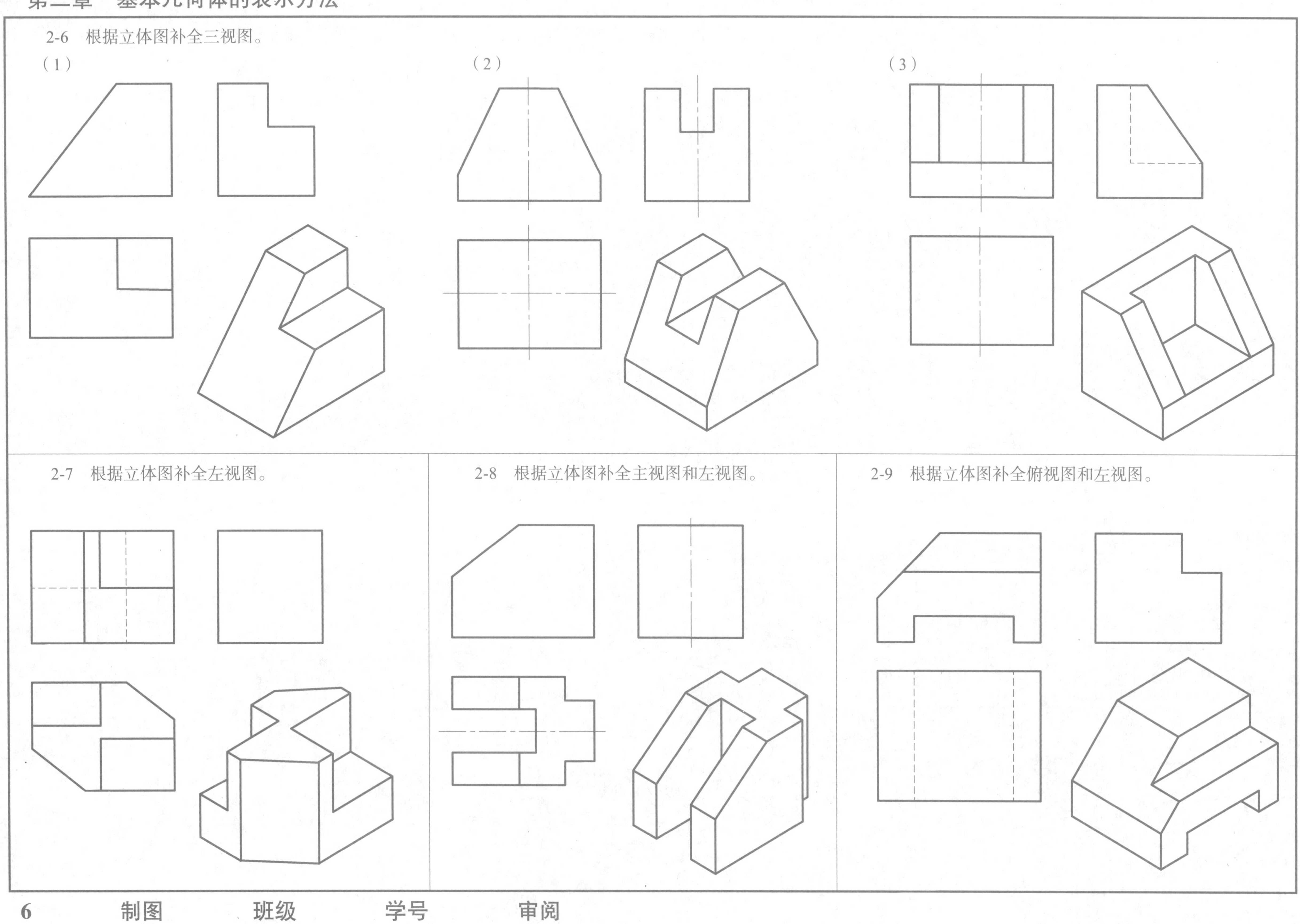

2-10　根据立体图所示直线的位置，在三视图中用小写字母标注它们的三面投影，并填写各直线名称。

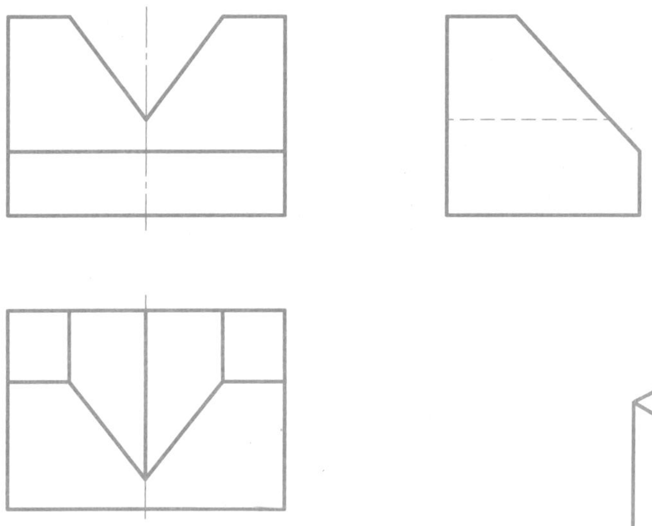

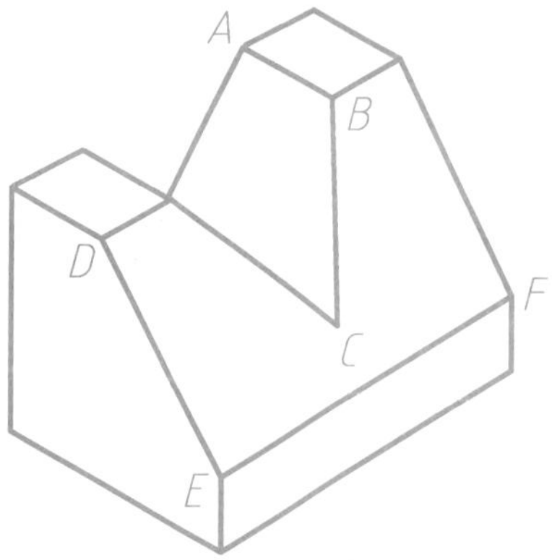

直线 *AB* 是________线，直线 *BC* 是________线，
直线 *DE* 是________线，直线 *EF* 是________线。

2-11　在三视图中标注立体图所示线、面的投影，并填写它们的名称，如正平线、铅垂面等。

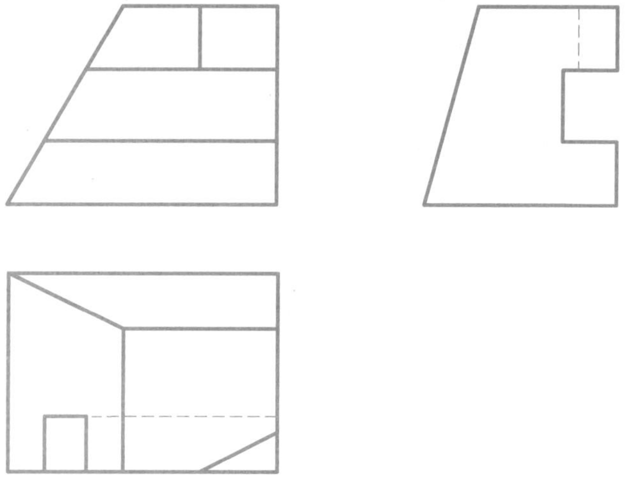

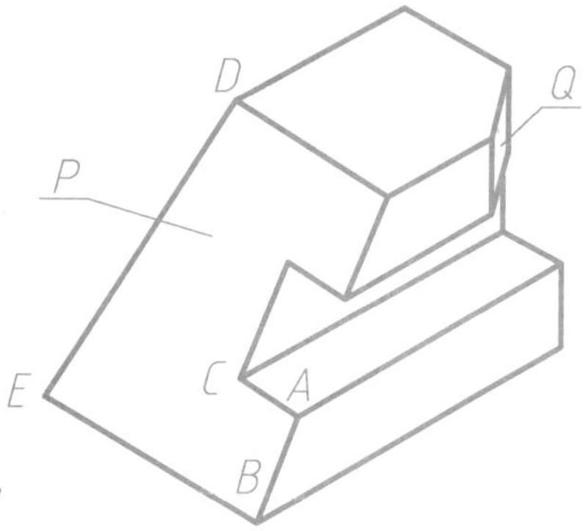

平面 *P* 是________面，平面 *Q* 是________面。
直线 *AB* 是________线，直线 *AC* 是________线，
直线 *DE* 是________线。

2-12　画出俯视图，并在三视图中标注立体图所示一般位置直线 *AB* 的投影。

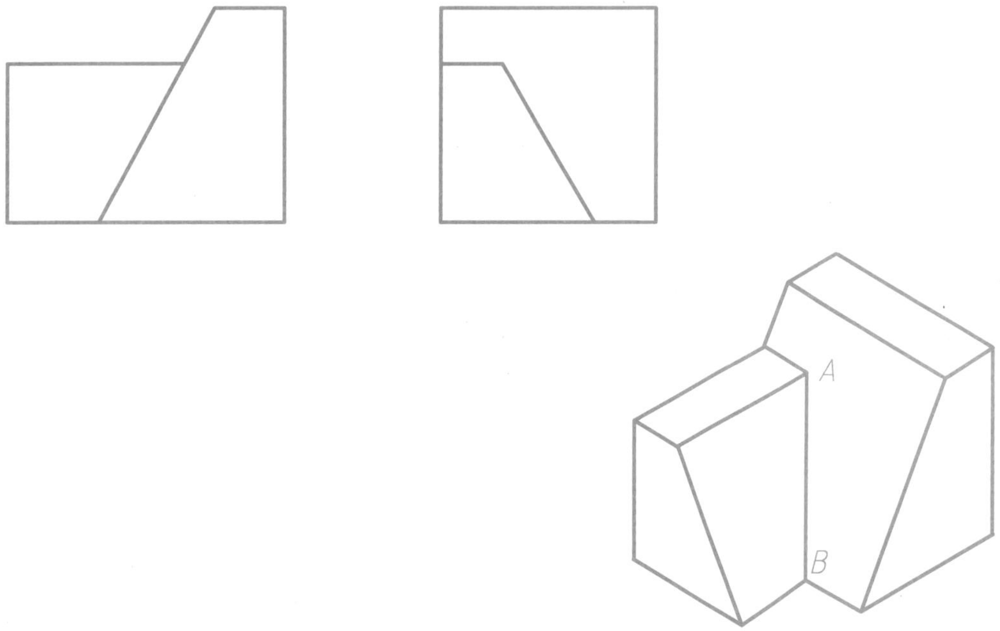

2-13　在三视图中标注立体图所示正垂面 *P* 和水平面 *Q* 的投影。

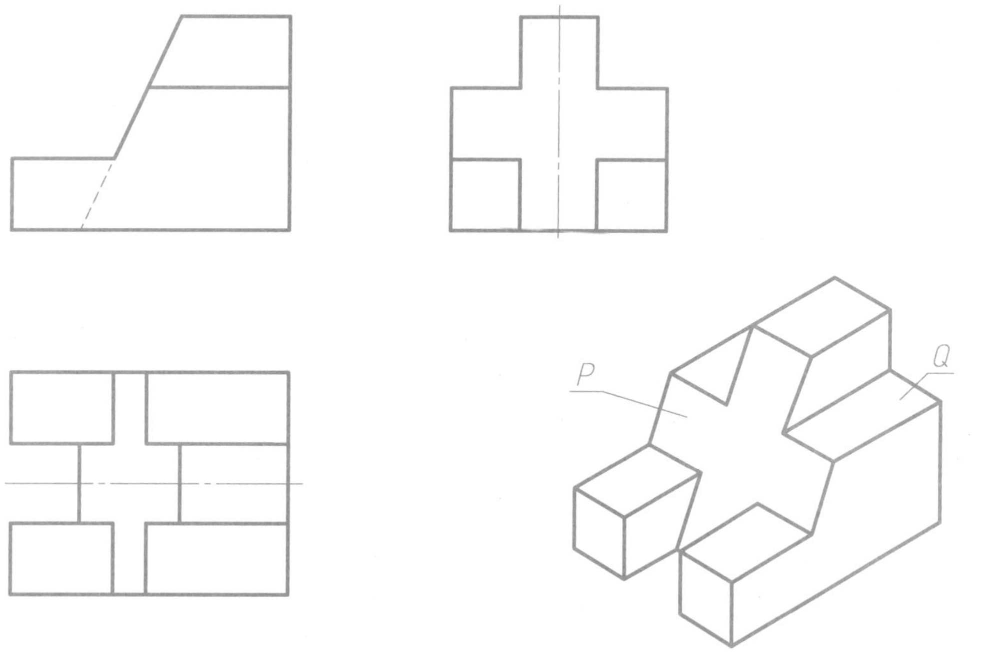

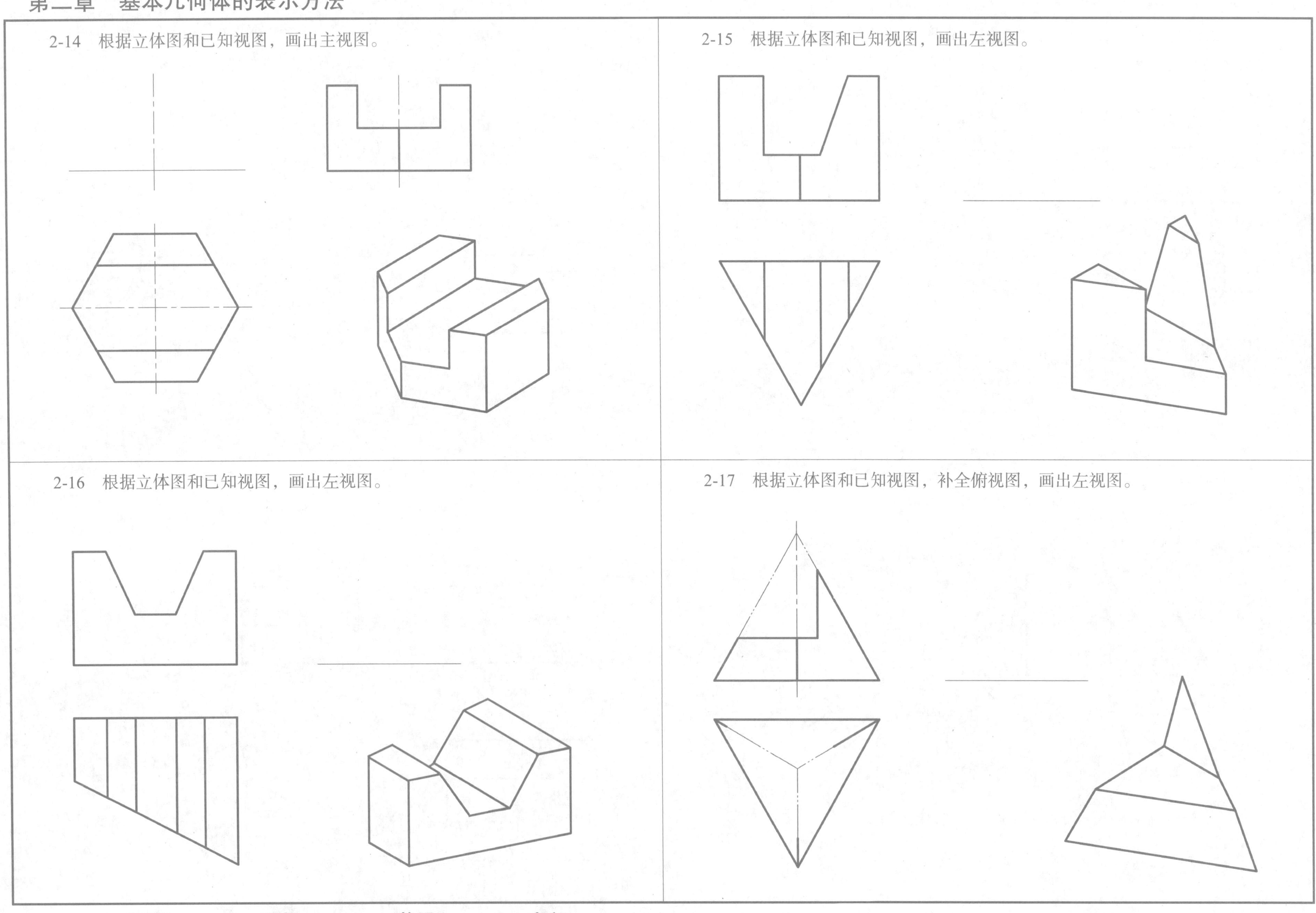
2-14 根据立体图和已知视图，画出主视图。
2-15 根据立体图和已知视图，画出左视图。
2-16 根据立体图和已知视图，画出左视图。
2-17 根据立体图和已知视图，补全俯视图，画出左视图。

2-18　已知回转面上点和线的一面投影，作出其他两面投影，保留作图辅助线。

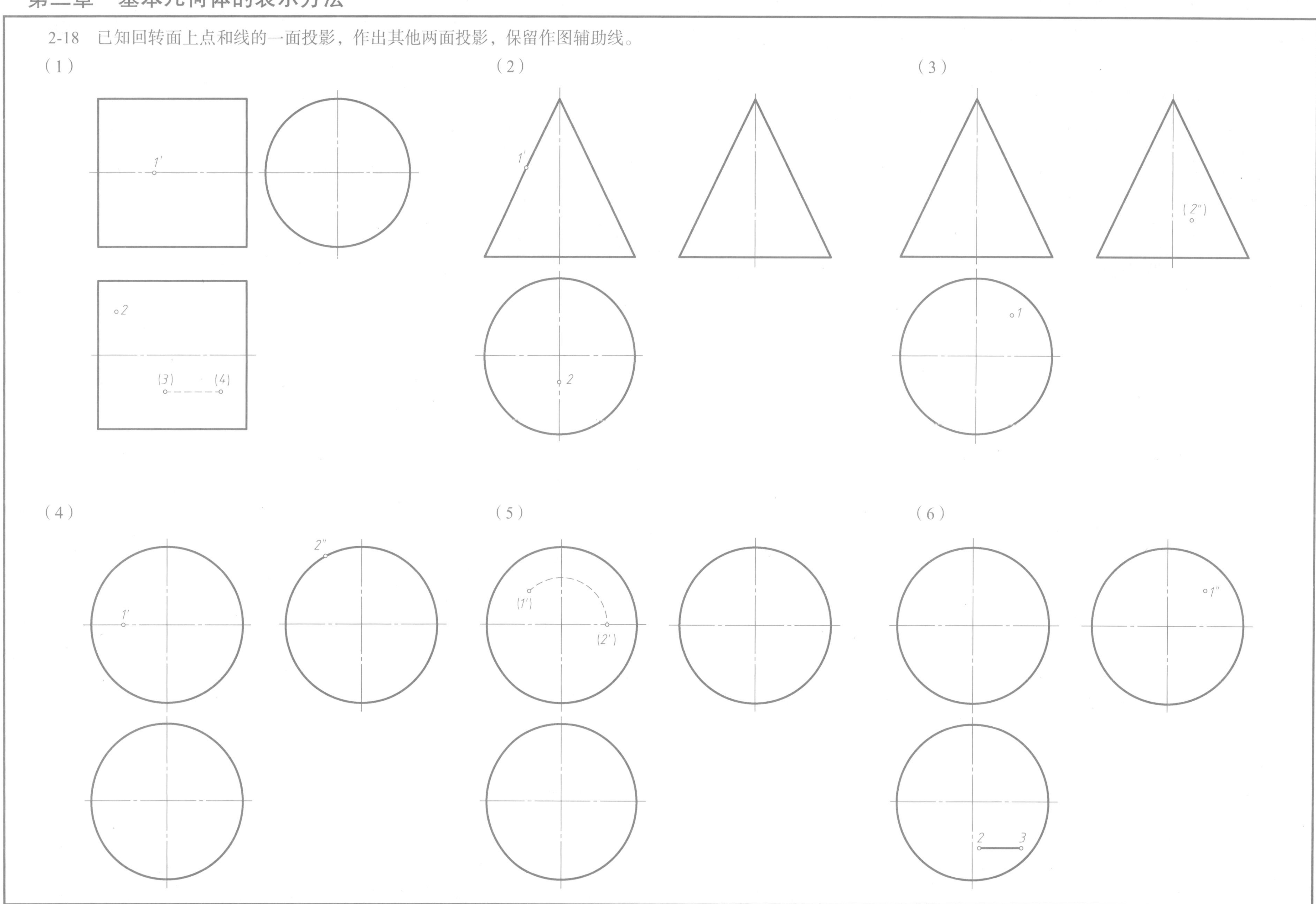

3-1　对下列立体进行构形分析，用符号表示法画出反映各立体构成的 CSG 树，并标出其中的主体件。（注意：立体上的孔、槽均为通孔、通槽。）

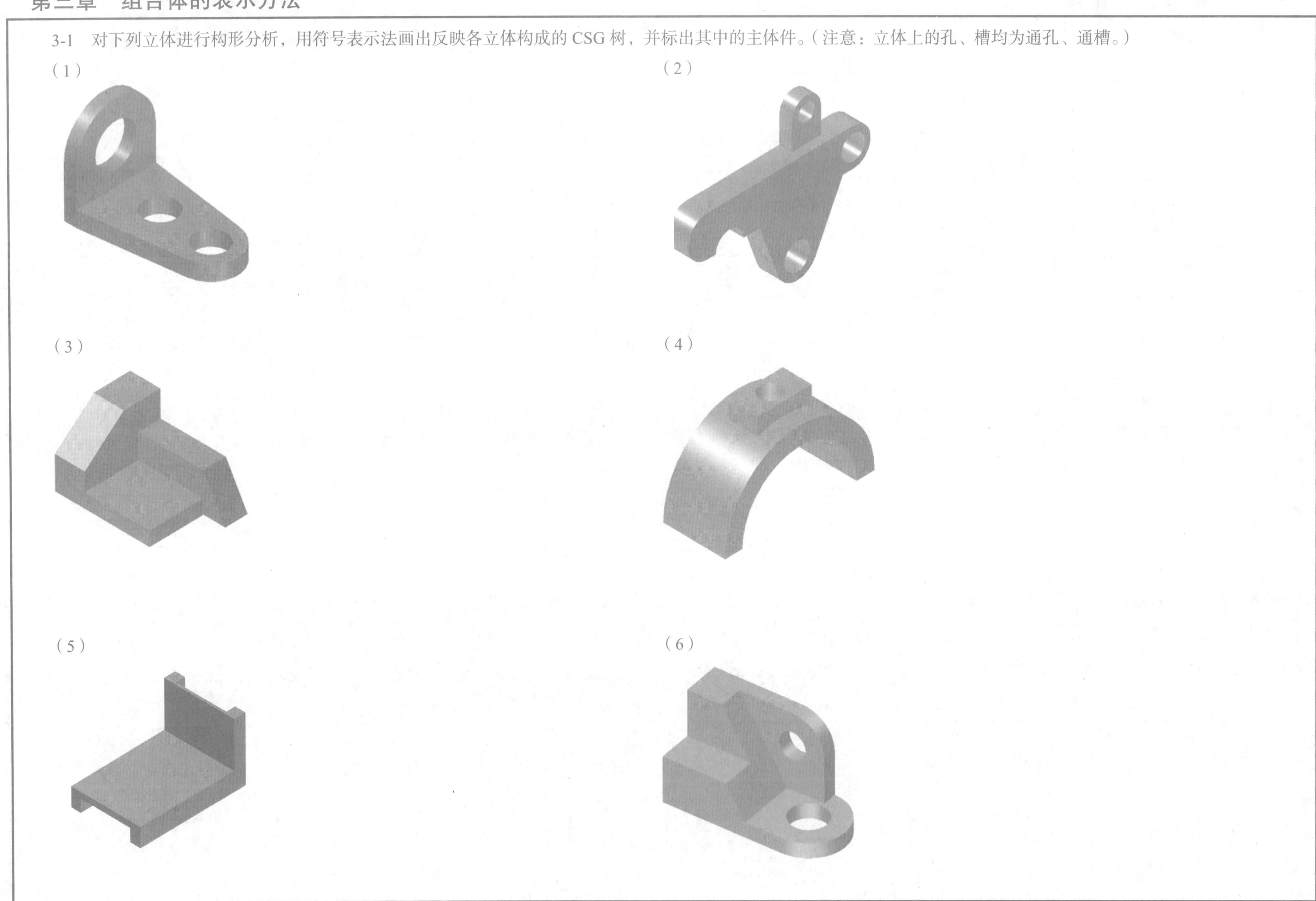

3-2　根据下列所给的立体图，任选四个立体用三维软件创建其模型。

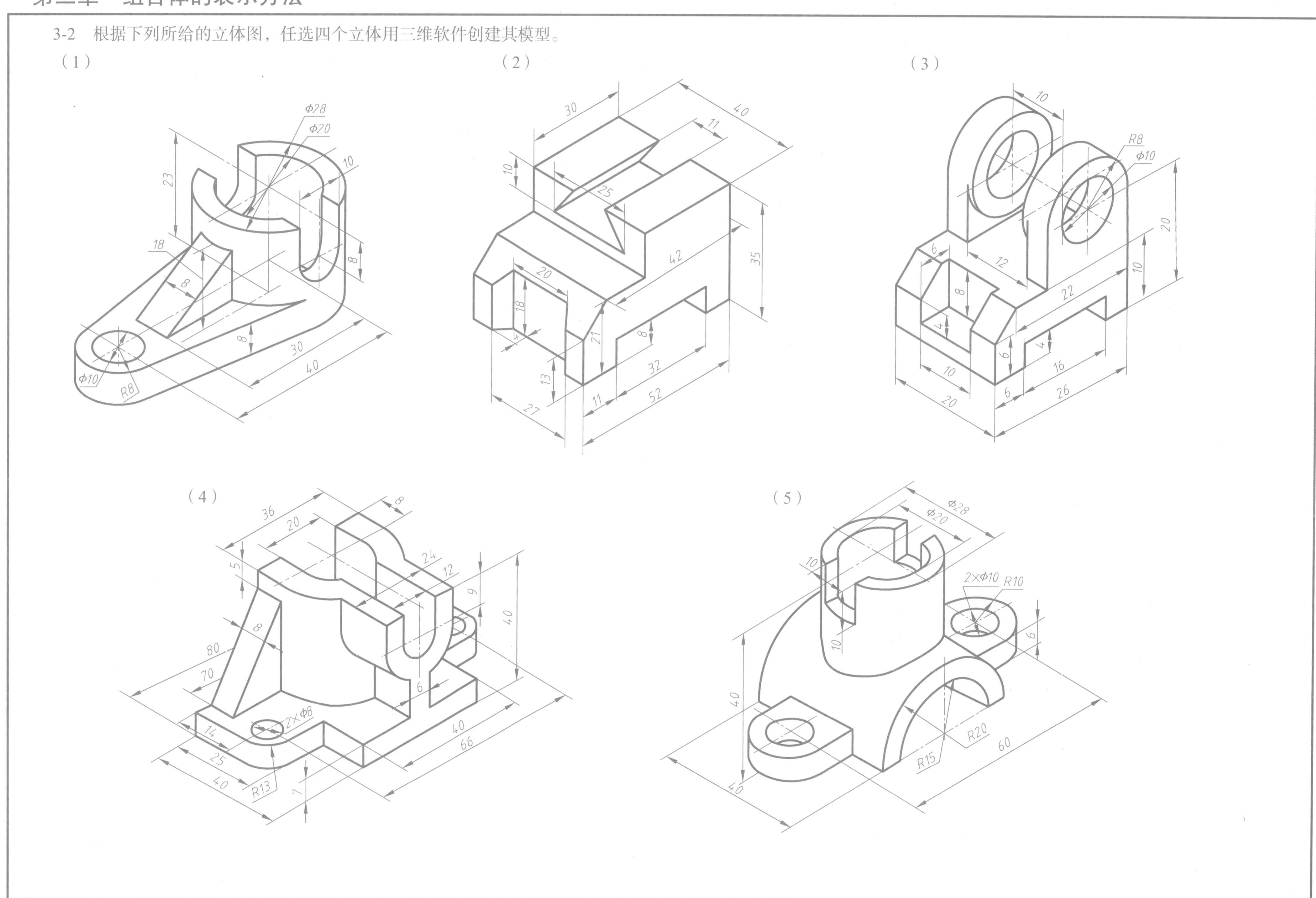

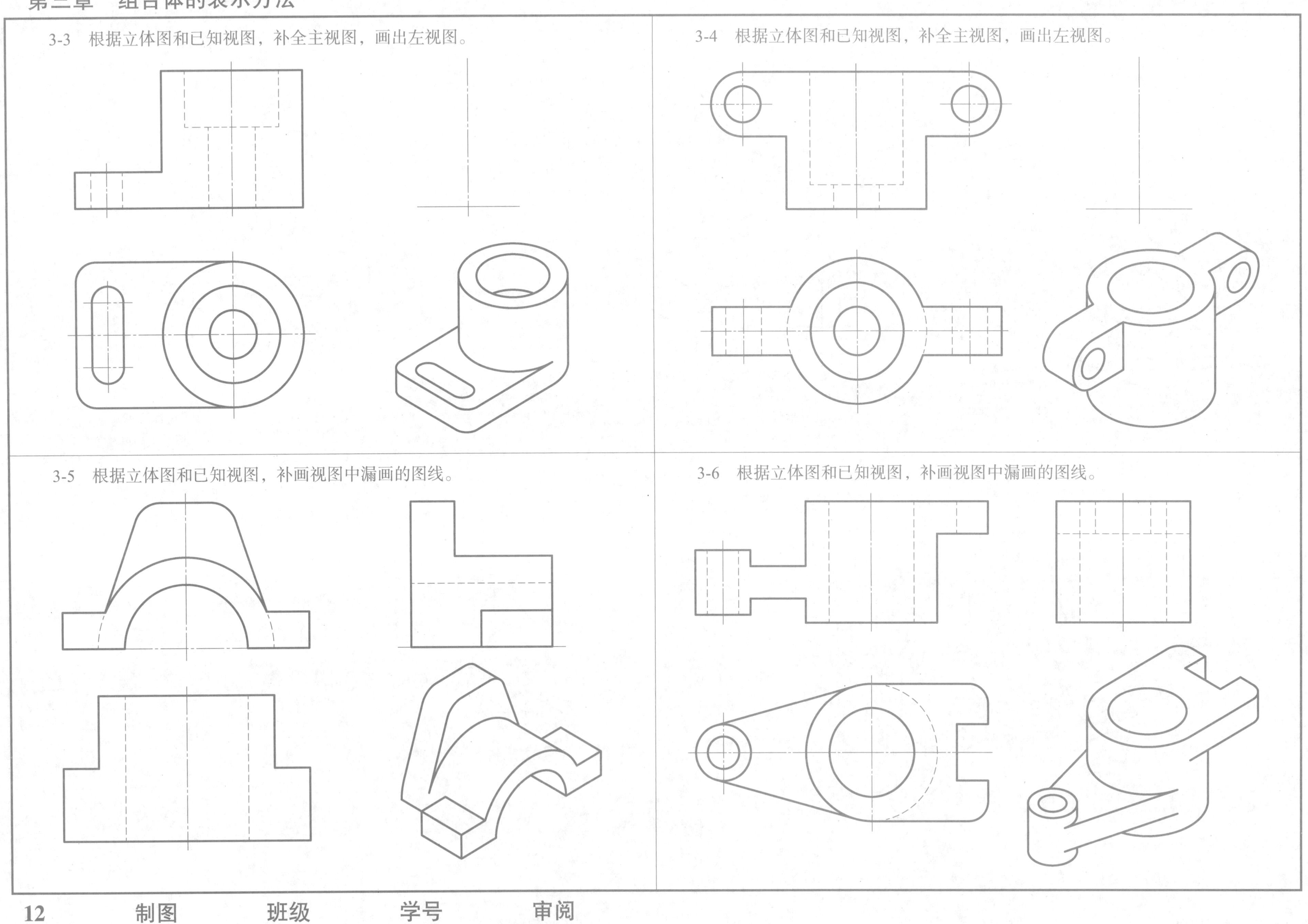
3-3　根据立体图和已知视图，补全主视图，画出左视图。
3-4　根据立体图和已知视图，补全主视图，画出左视图。
3-5　根据立体图和已知视图，补画视图中漏画的图线。
3-6　根据立体图和已知视图，补画视图中漏画的图线。

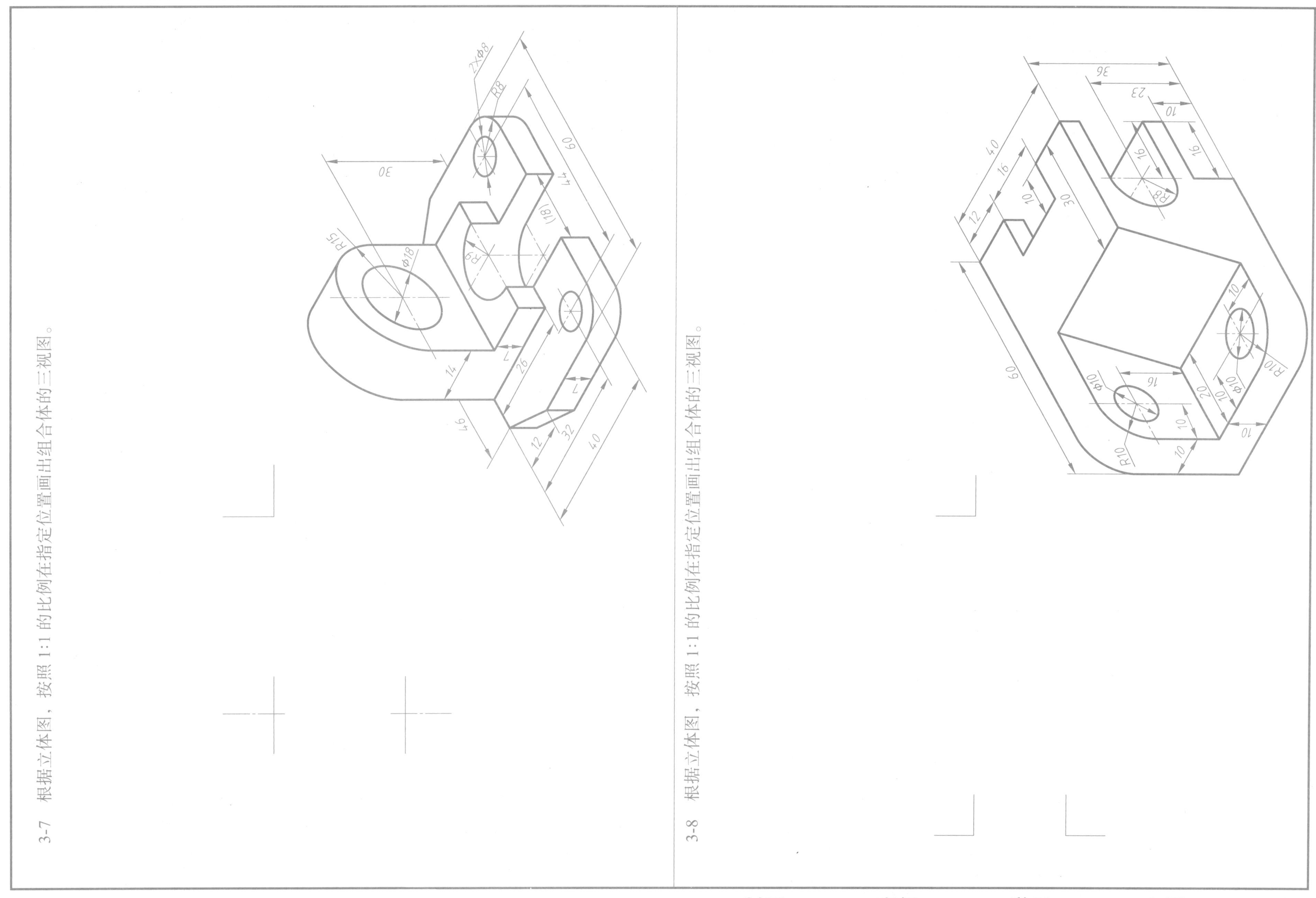

3-7　根据立体图，按照 1:1 的比例在指定位置画出组合体的三视图。

3-8　根据立体图，按照 1:1 的比例在指定位置画出组合体的三视图。

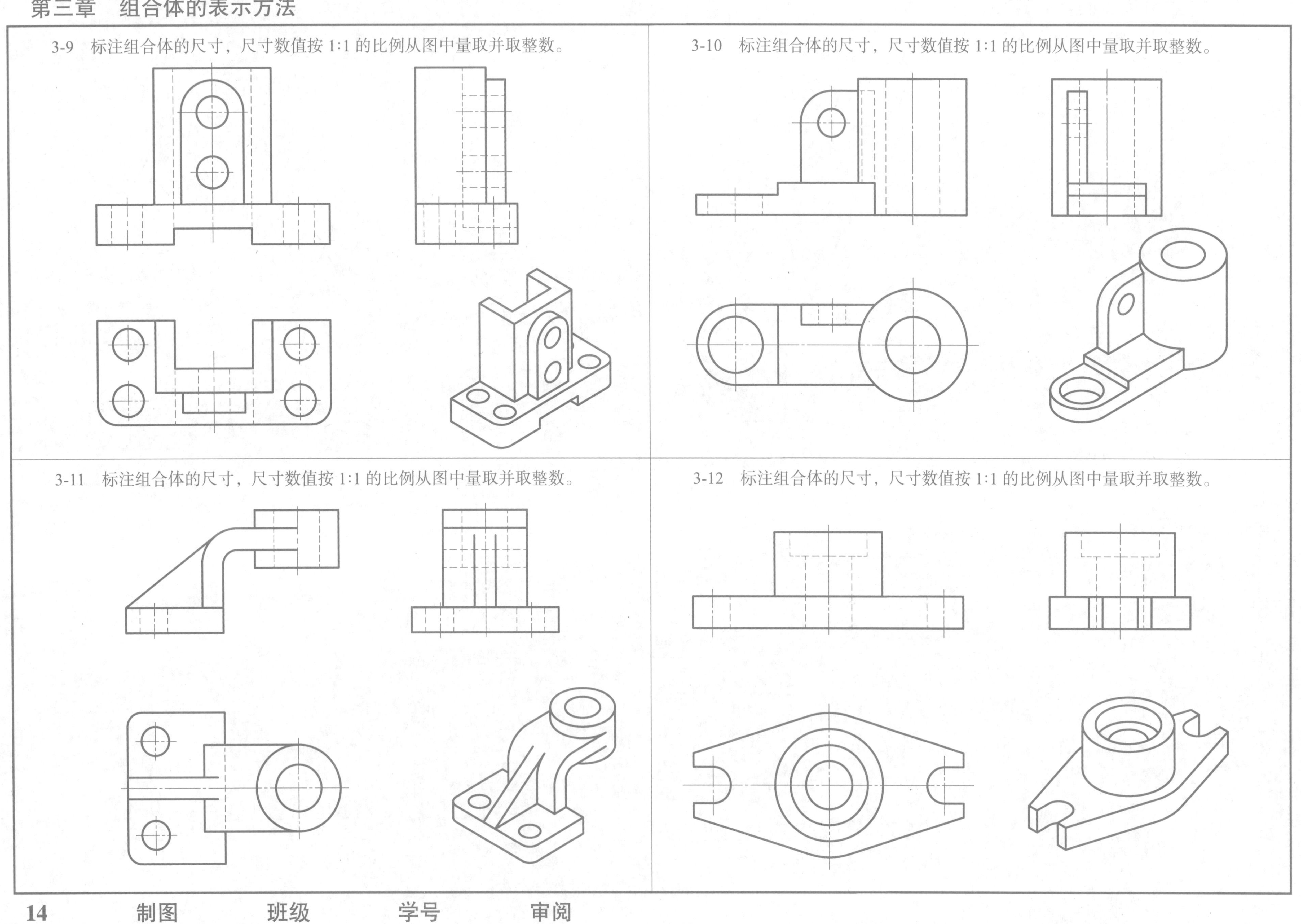
3-9　标注组合体的尺寸，尺寸数值按 1:1 的比例从图中量取并取整数。
3-10　标注组合体的尺寸，尺寸数值按 1:1 的比例从图中量取并取整数。
3-11　标注组合体的尺寸，尺寸数值按 1:1 的比例从图中量取并取整数。
3-12　标注组合体的尺寸，尺寸数值按 1:1 的比例从图中量取并取整数。

　制图　　班级　　学号　　审阅

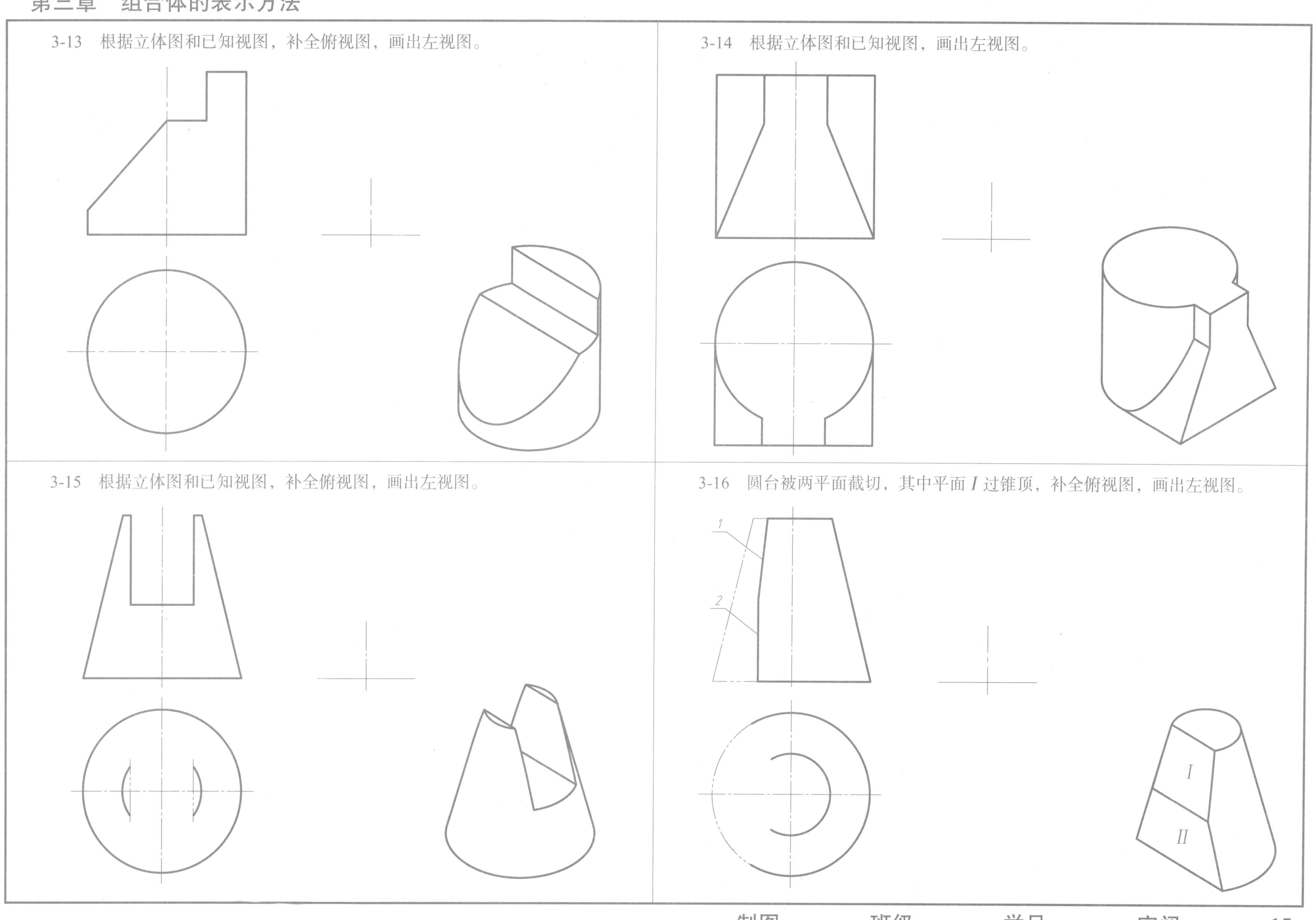
3-13　根据立体图和已知视图，补全俯视图，画出左视图。
3-14　根据立体图和已知视图，画出左视图。
3-15　根据立体图和已知视图，补全俯视图，画出左视图。
3-16　圆台被两平面截切，其中平面 I 过锥顶，补全俯视图，画出左视图。
1
2
I
II

3-17　根据已知视图，画出左视图和俯视图。

3-18　根据已知视图，补全三视图。

3-19　根据已知视图，补全俯视图，画出左视图。

3-20　根据已知视图，补全俯视图，画出左视图。

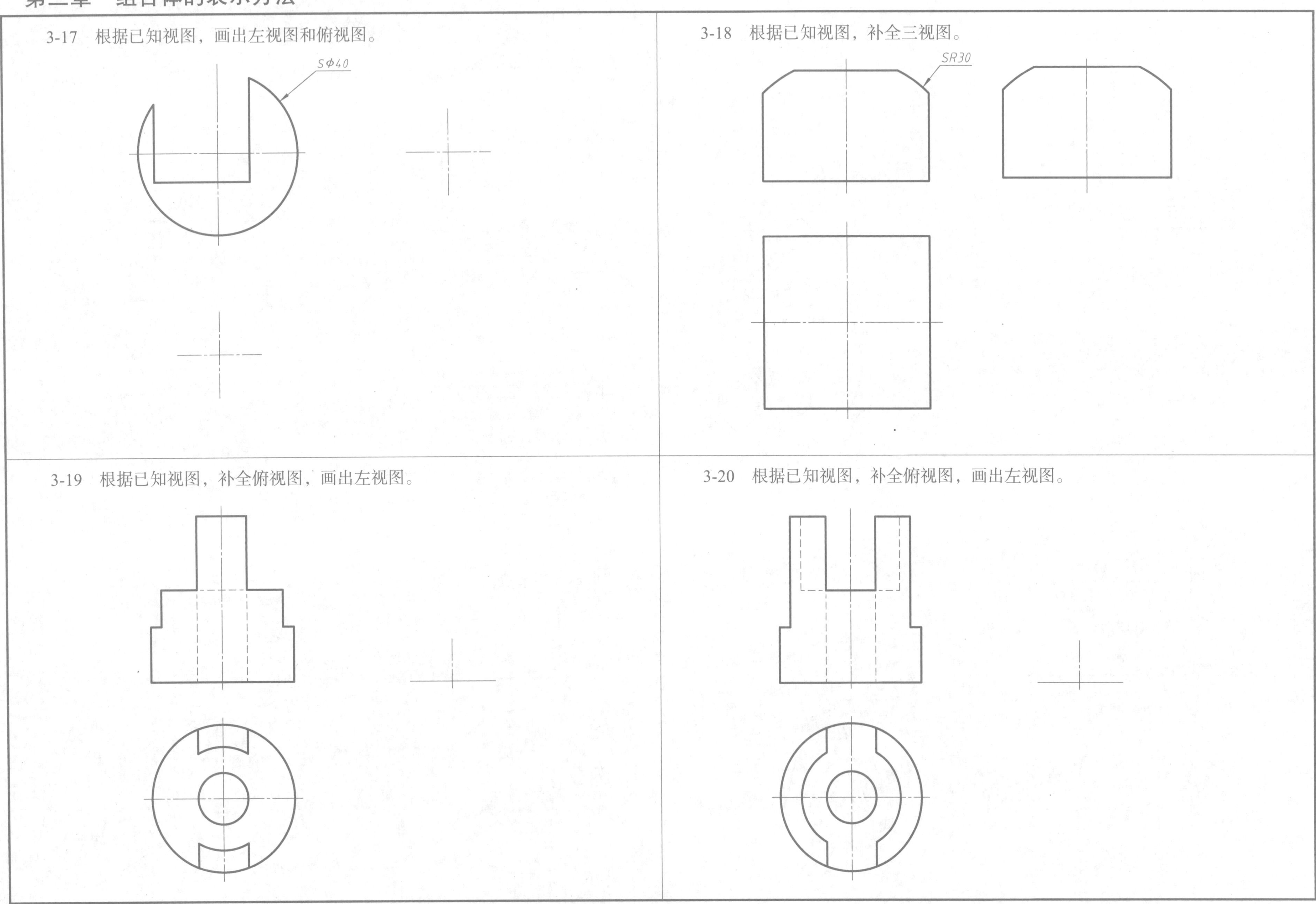

3-21　根据已知视图，补全俯视图，画出左视图。

3-22　根据已知视图，补画视图中漏画的图线。

3-23　根据已知视图，补全俯视图，画出左视图。

3-24　根据已知视图，补全主视图。

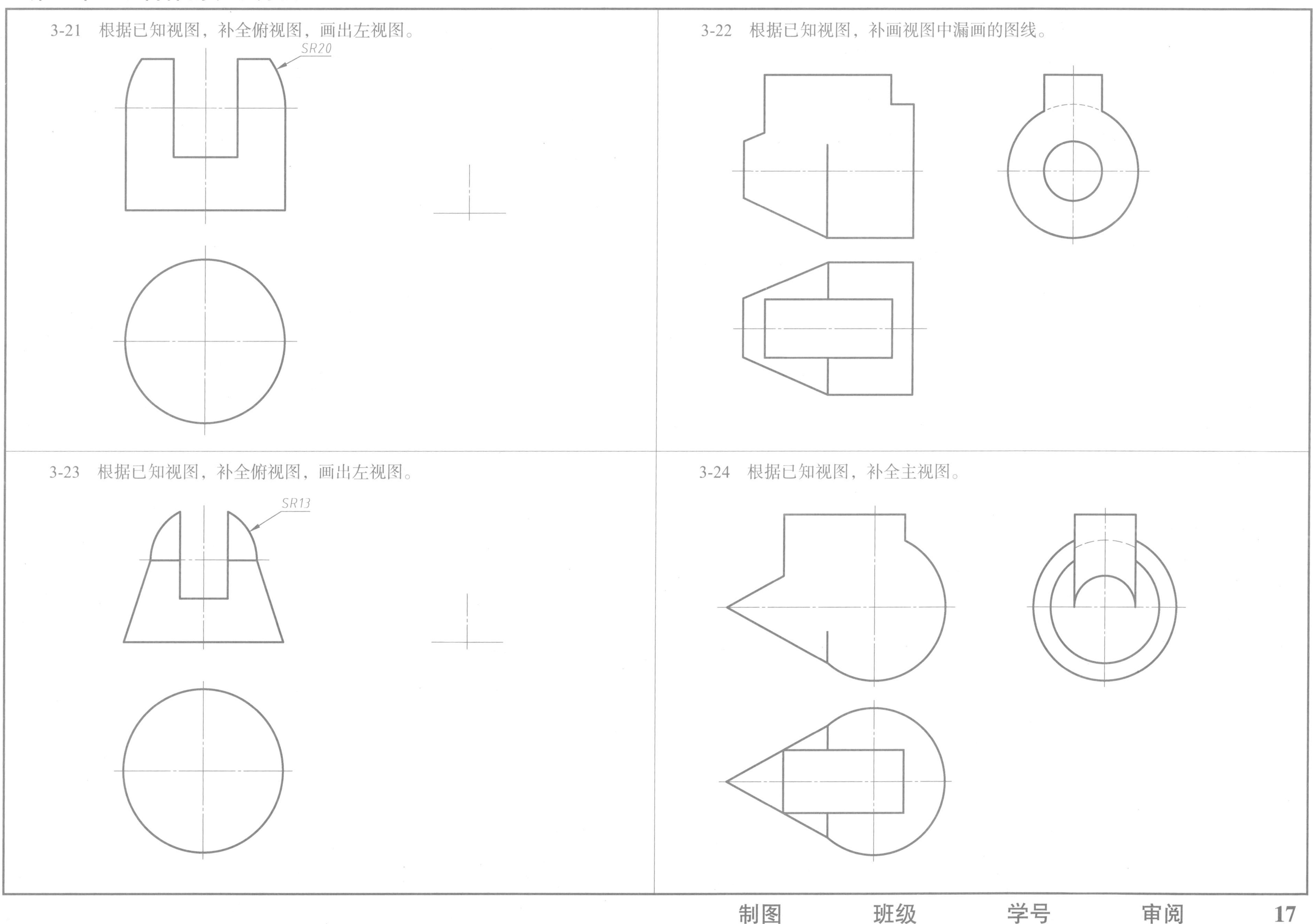

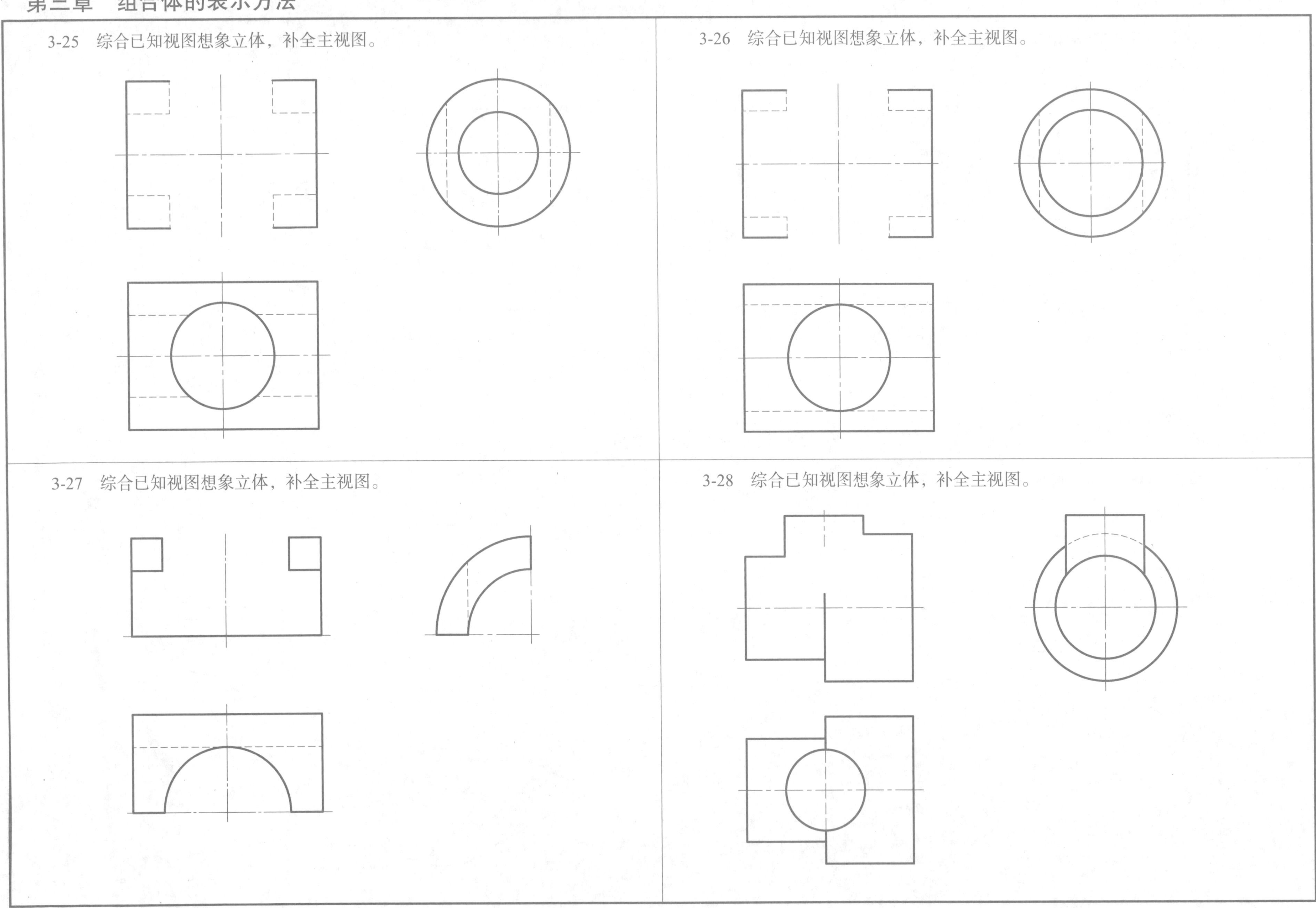
3-25　综合已知视图想象立体，补全主视图。
3-26　综合已知视图想象立体，补全主视图。
3-27　综合已知视图想象立体，补全主视图。
3-28　综合已知视图想象立体，补全主视图。

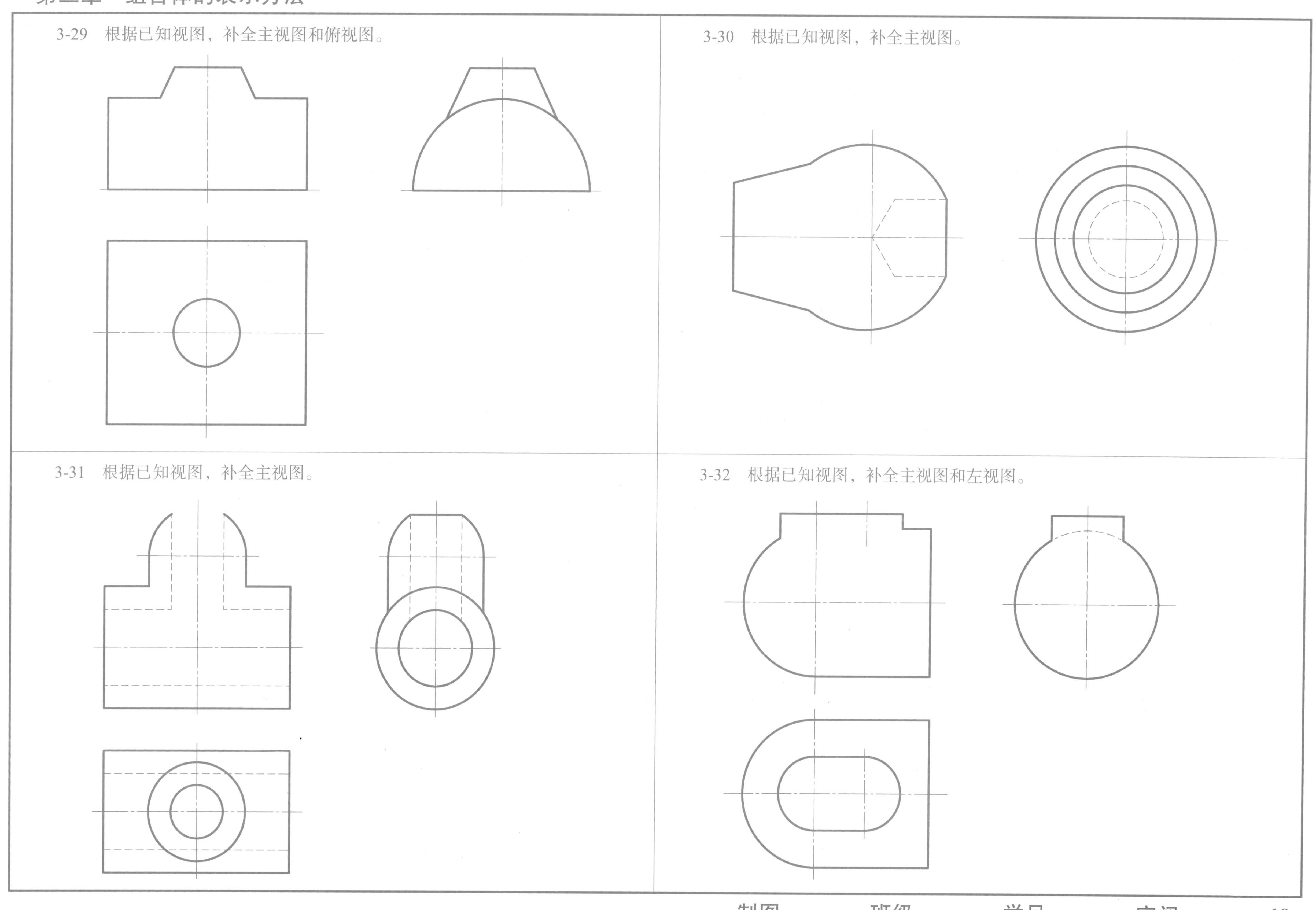
3-29　根据已知视图，补全主视图和俯视图。
3-30　根据已知视图，补全主视图。
3-31　根据已知视图，补全主视图。
3-32　根据已知视图，补全主视图和左视图。

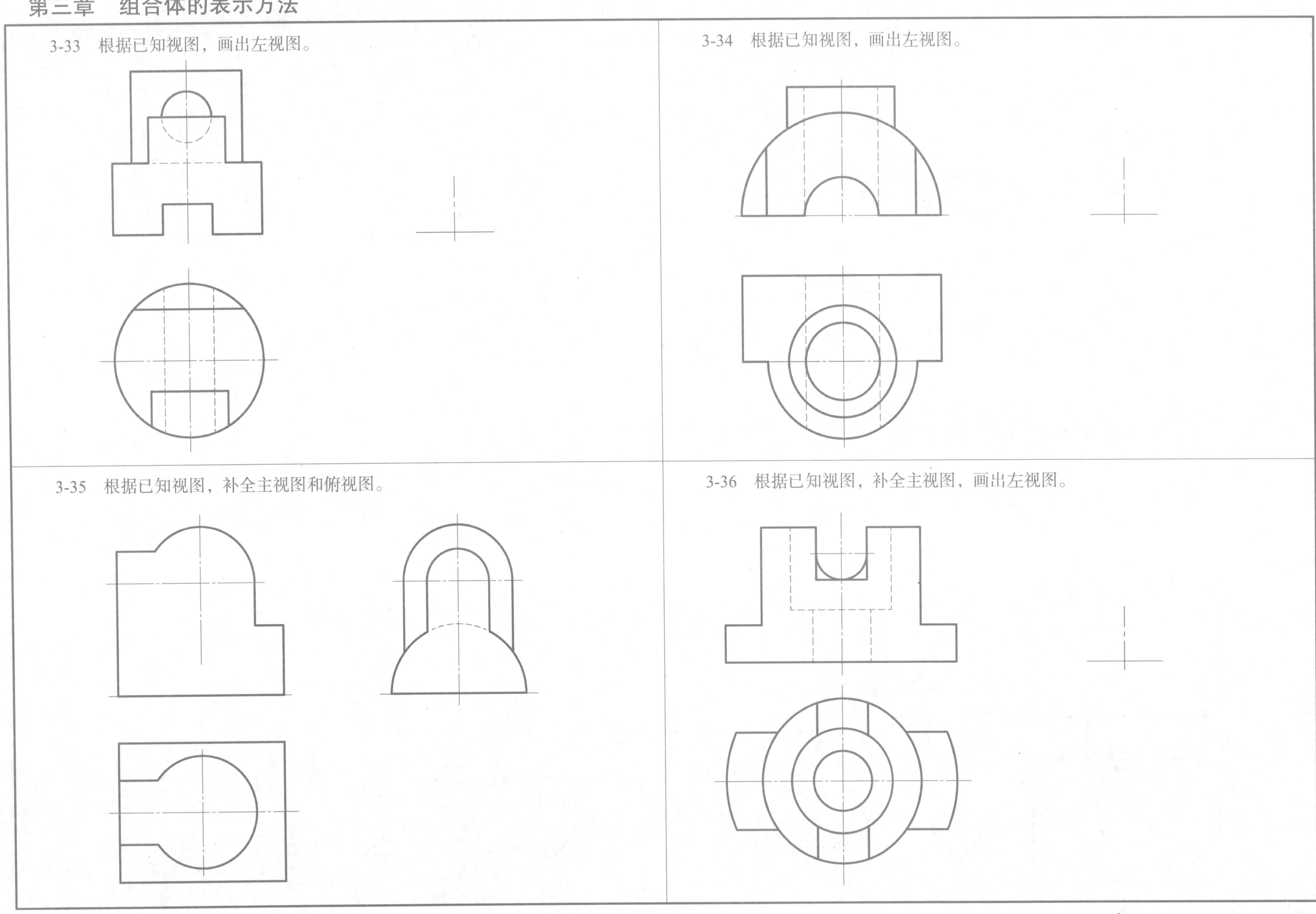
3-33 根据已知视图，画出左视图。
3-34 根据已知视图，画出左视图。
3-35 根据已知视图，补全主视图和俯视图。
3-36 根据已知视图，补全主视图，画出左视图。

3-37 标注组合体的尺寸，尺寸数值按 1:1 的比例从图中量取并取整数。

3-38 标注组合体的尺寸，尺寸数值按 1:1 的比例从图中量取并取整数。

3-39 标注组合体的尺寸，尺寸数值按 1:1 的比例从图中量取并取整数。

3-40 标注组合体的尺寸，尺寸数值按 1:1 的比例从图中量取并取整数。

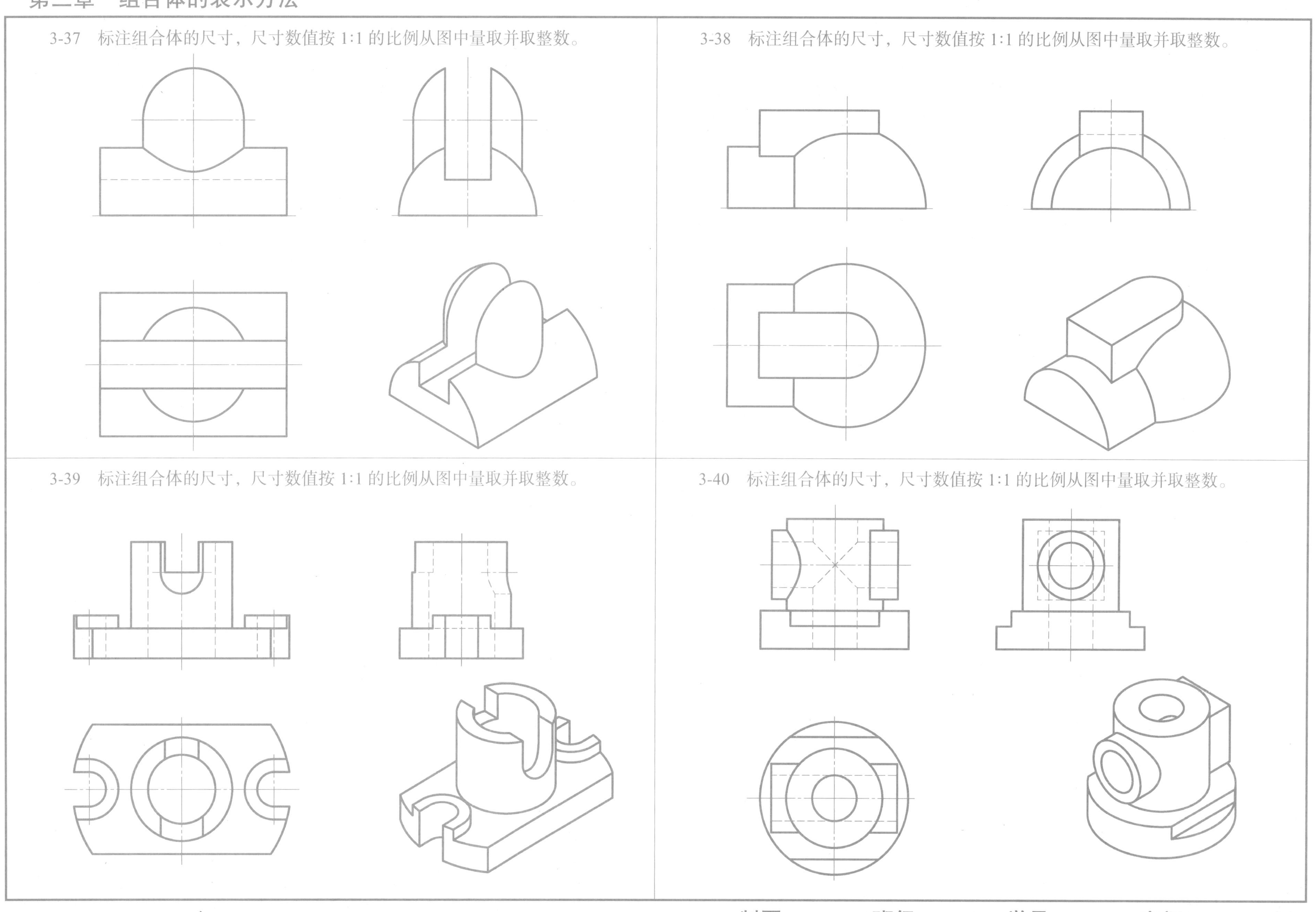

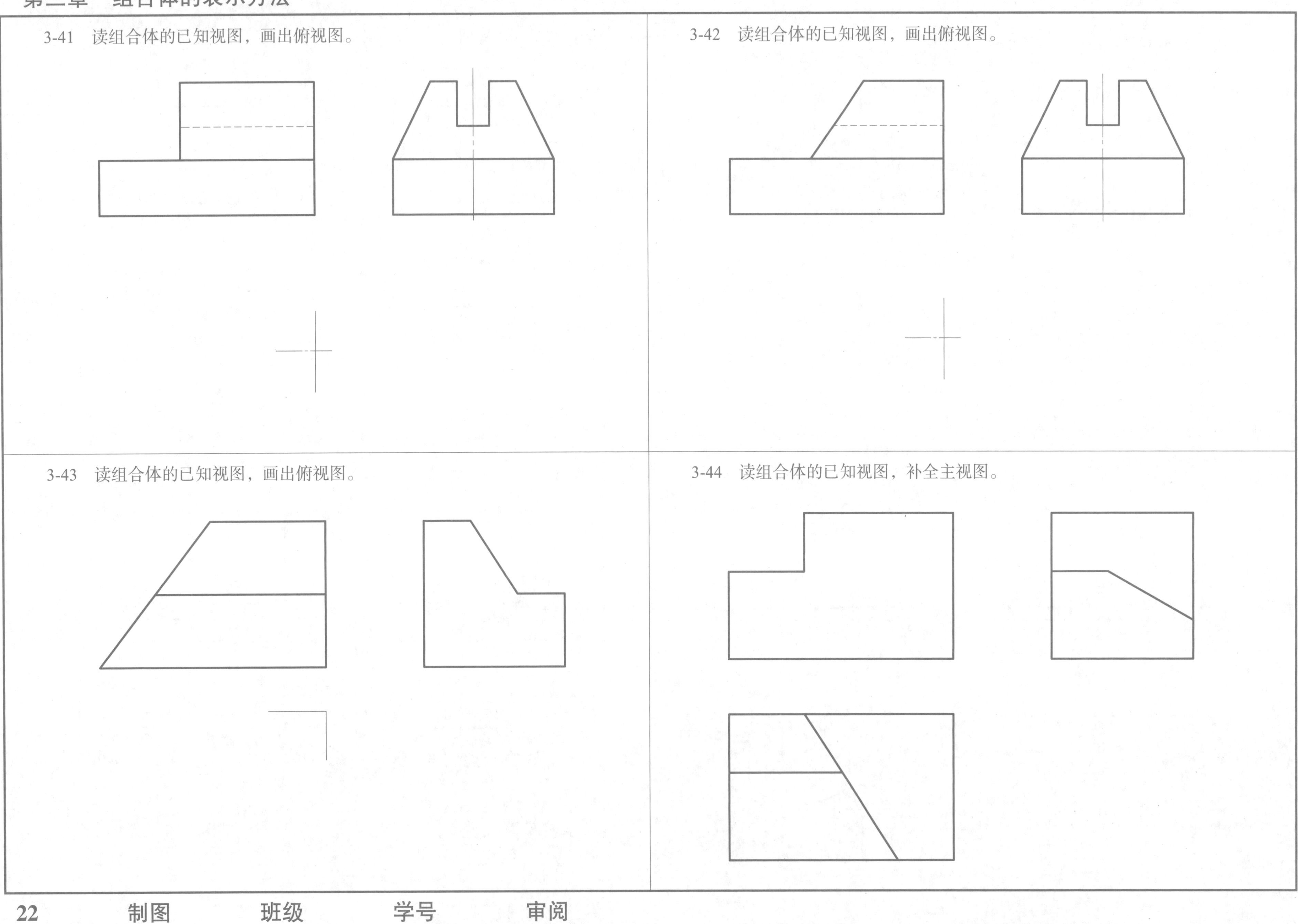
3-41　读组合体的已知视图，画出俯视图。
3-42　读组合体的已知视图，画出俯视图。
3-43　读组合体的已知视图，画出俯视图。
3-44　读组合体的已知视图，补全主视图。

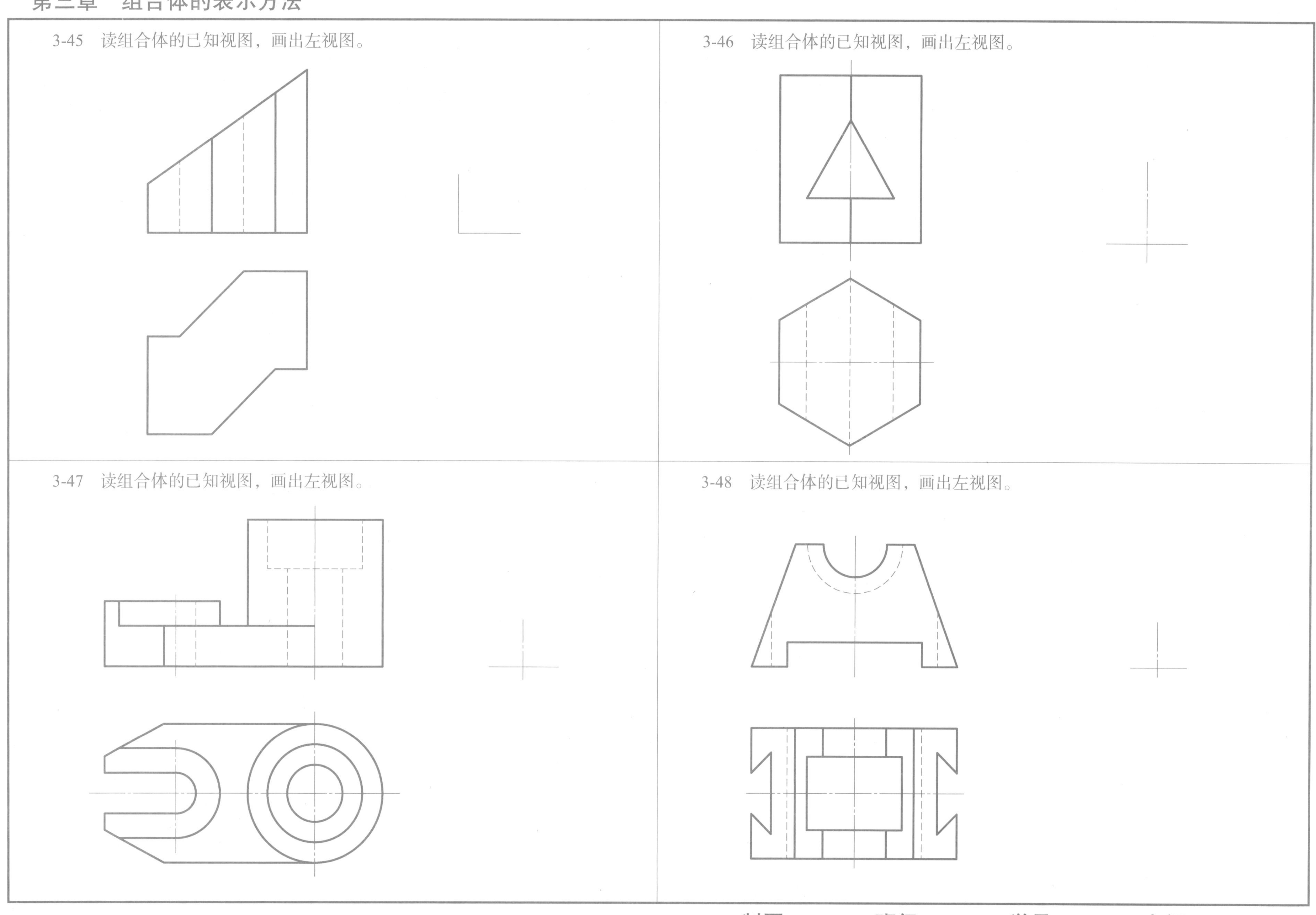
3-45　读组合体的已知视图，画出左视图。
3-46　读组合体的已知视图，画出左视图。
3-47　读组合体的已知视图，画出左视图。
3-48　读组合体的已知视图，画出左视图。

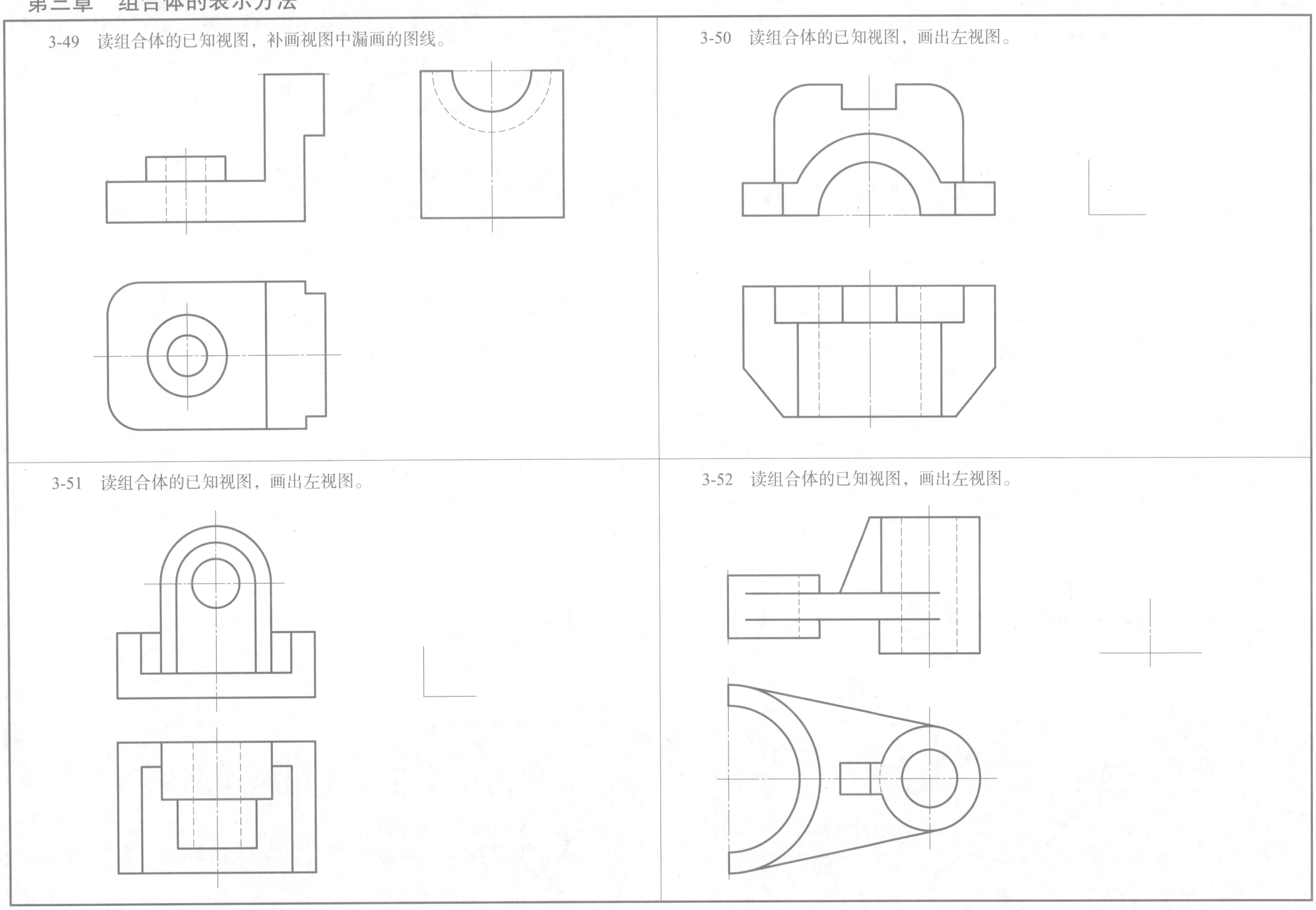
3-49　读组合体的已知视图，补画视图中漏画的图线。
3-50　读组合体的已知视图，画出左视图。
3-51　读组合体的已知视图，画出左视图。
3-52　读组合体的已知视图，画出左视图。

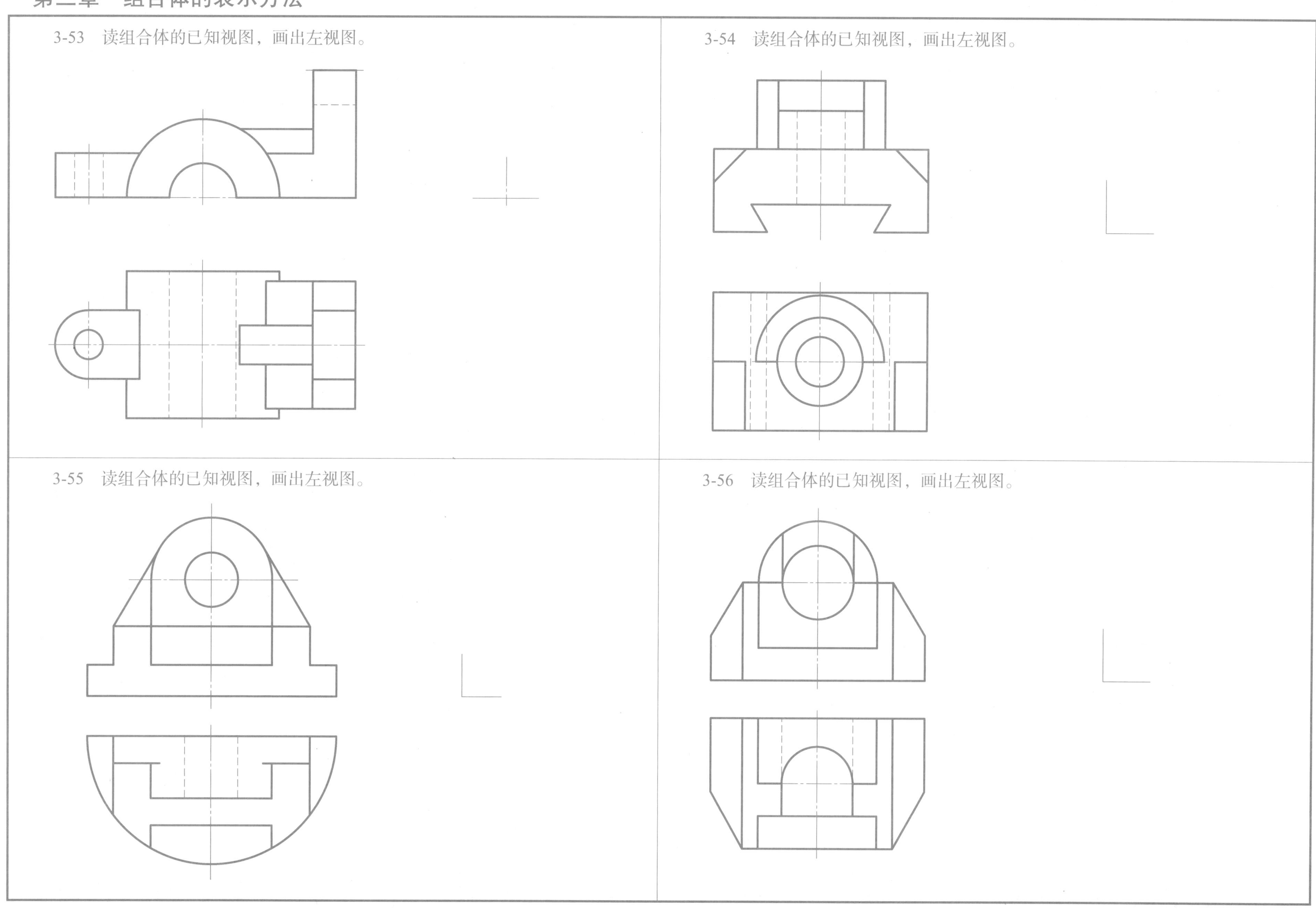
3-53　读组合体的已知视图，画出左视图。
3-54　读组合体的已知视图，画出左视图。
3-55　读组合体的已知视图，画出左视图。
3-56　读组合体的已知视图，画出左视图。

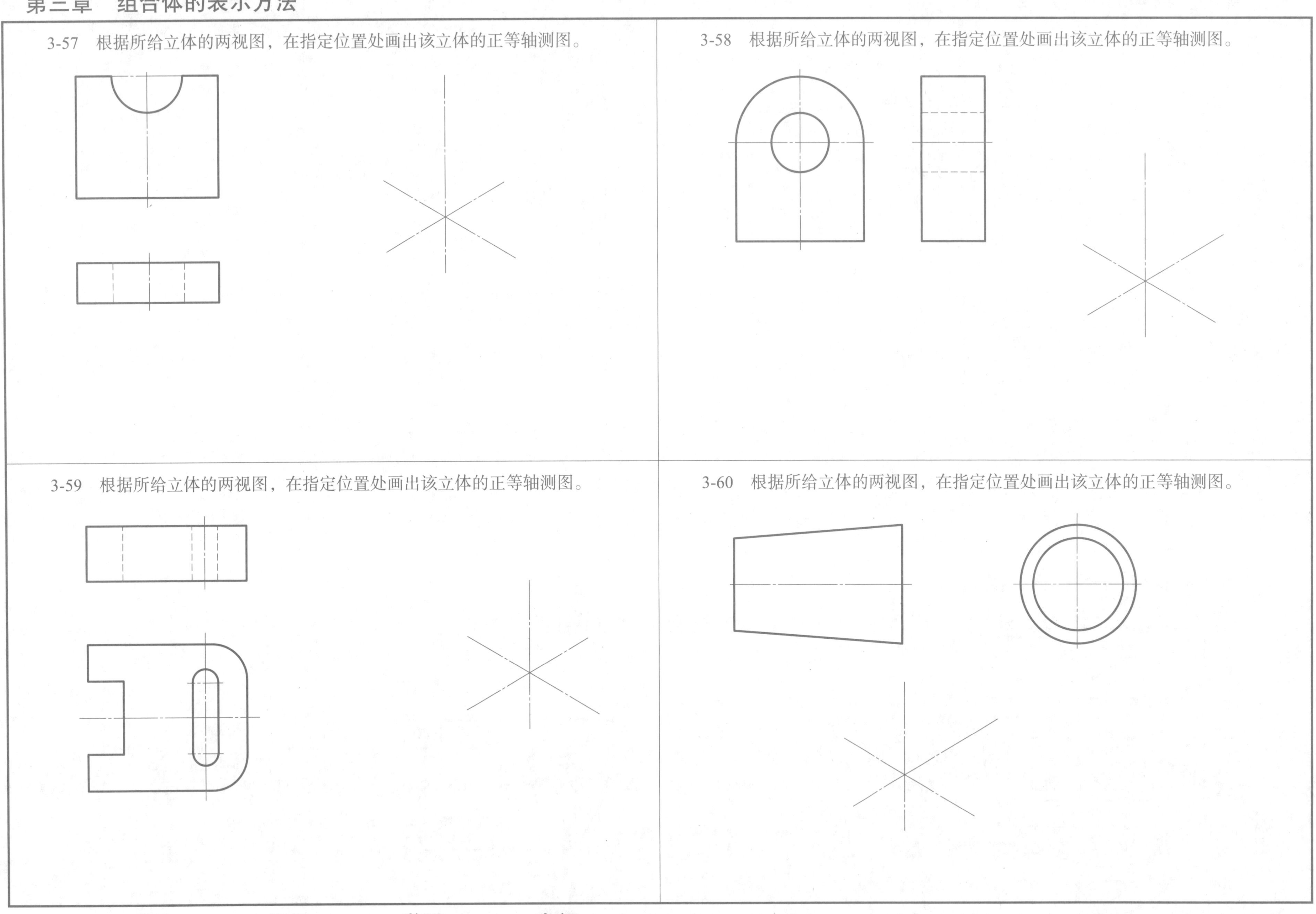
3-57　根据所给立体的两视图，在指定位置处画出该立体的正等轴测图。
3-58　根据所给立体的两视图，在指定位置处画出该立体的正等轴测图。
3-59　根据所给立体的两视图，在指定位置处画出该立体的正等轴测图。
3-60　根据所给立体的两视图，在指定位置处画出该立体的正等轴测图。

3-61　根据立体的三视图，在指定位置处画出该立体的正等轴测图。

3-62　根据立体的三视图，在指定位置处画出该立体的正等轴测图。

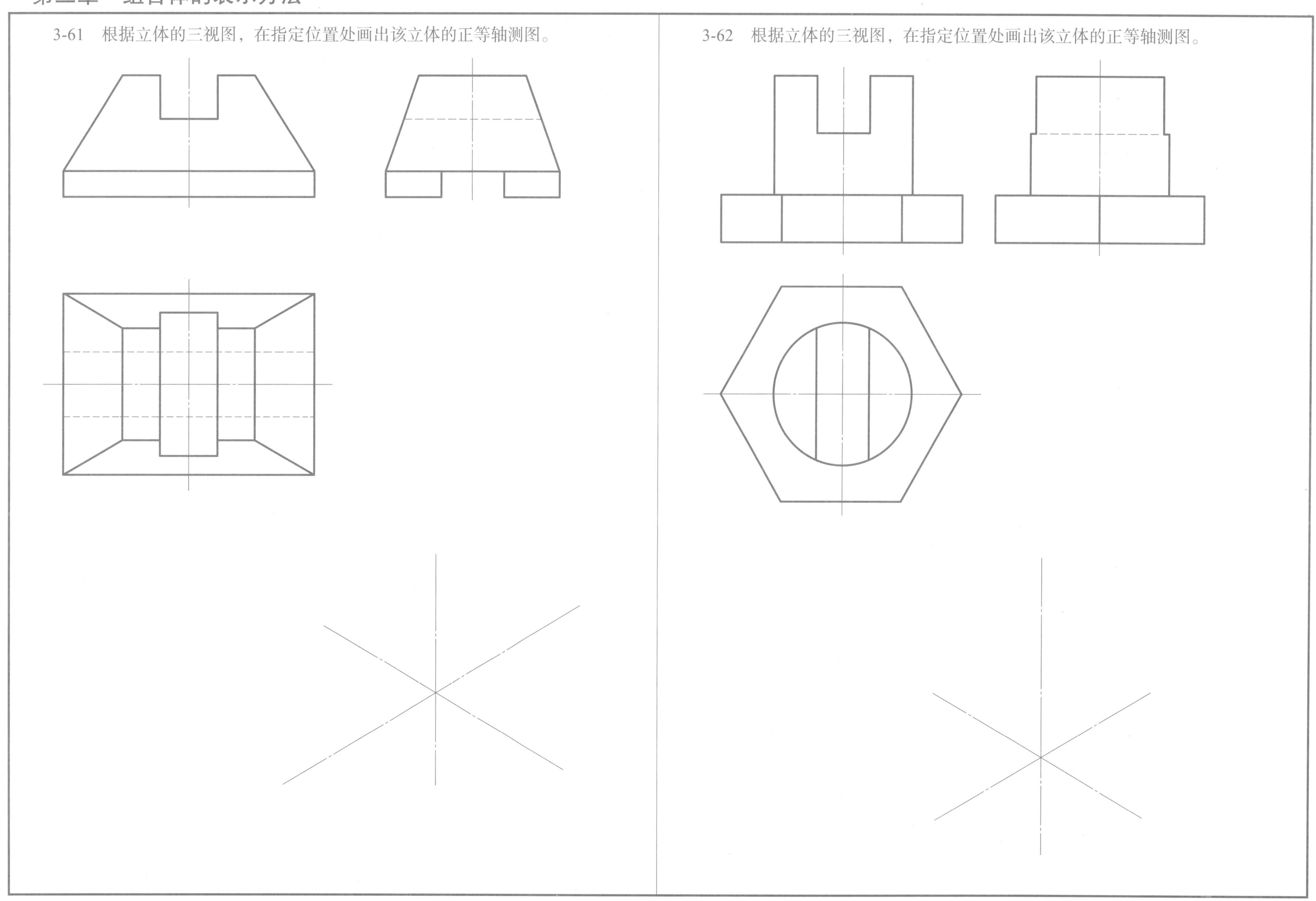

3-63　根据立体的三视图，在指定位置处画出该立体的正等轴测图。

3-64　根据立体的三视图，在指定位置处画出该立体的斜二等轴测图。

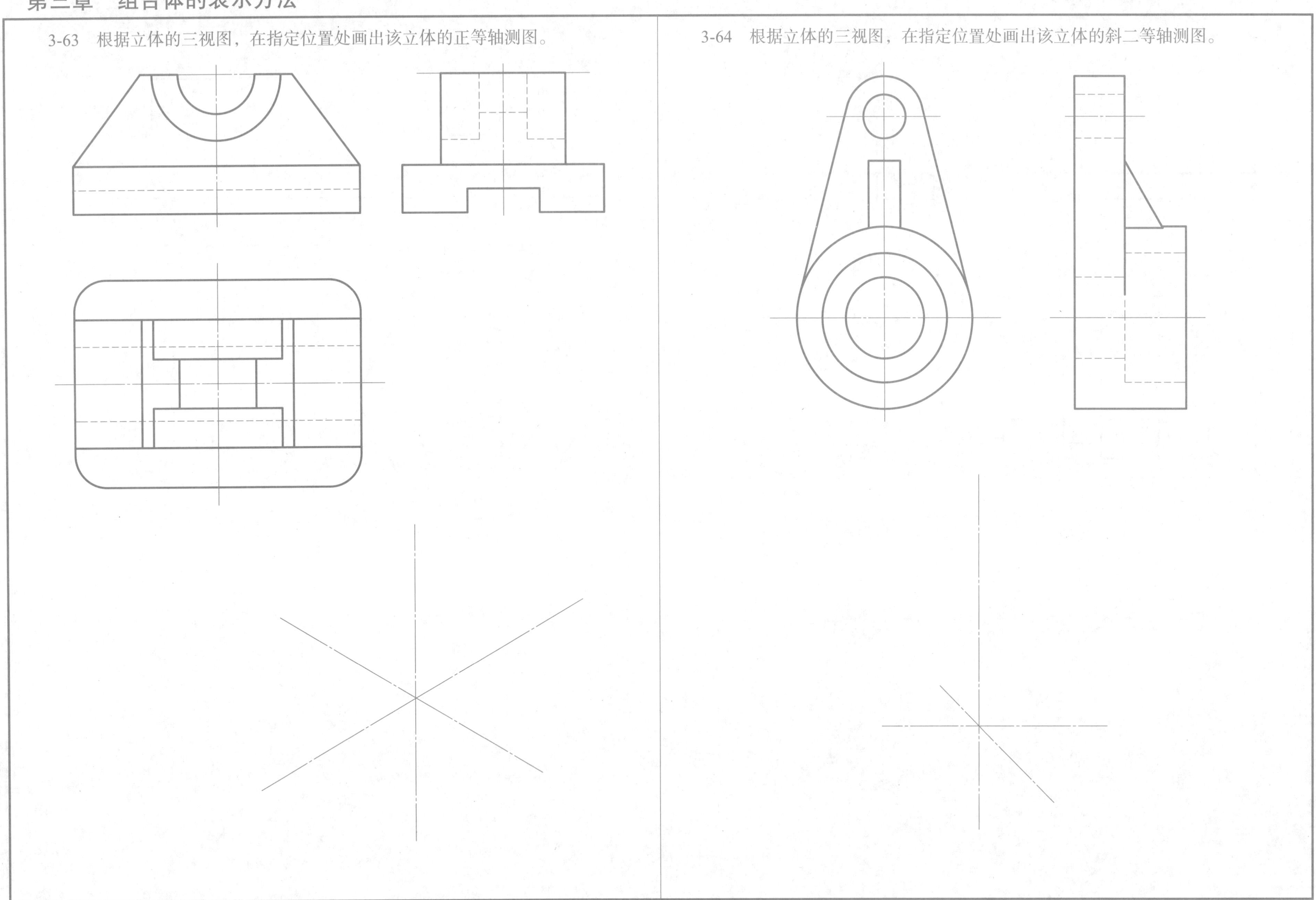

4-1 已知机件的主视图、俯视图和轴测图，按基本视图配置画出该立体的左视图、右视图、仰视图和后视图。

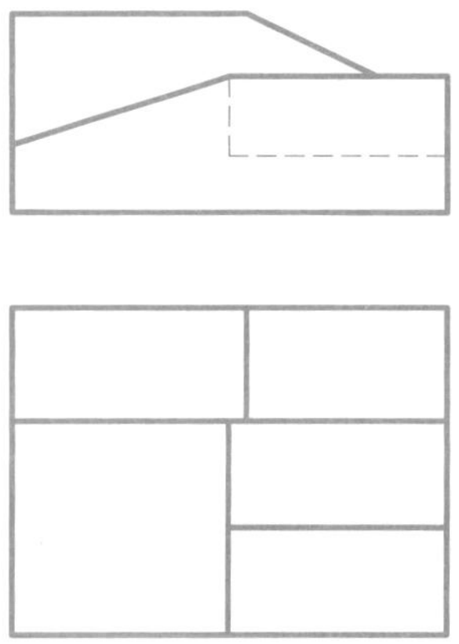

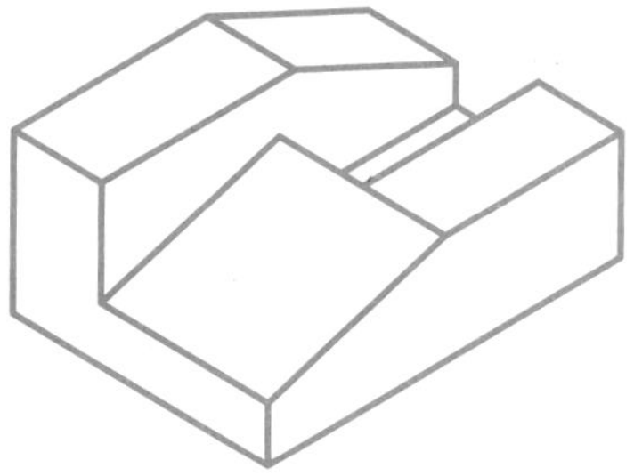

4-2 根据机件的主视图、轴测图及给出的尺寸，按 1:2 的比例绘制出 *A* 向斜视图、*B* 向局部视图和 *C* 向视图。

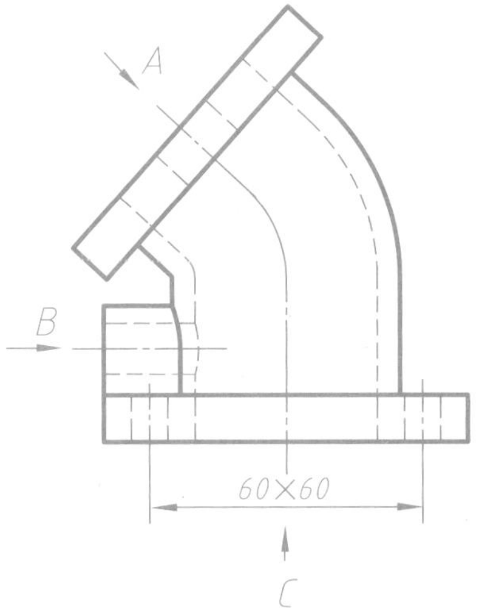

A B C 60×60 100 R15 R10

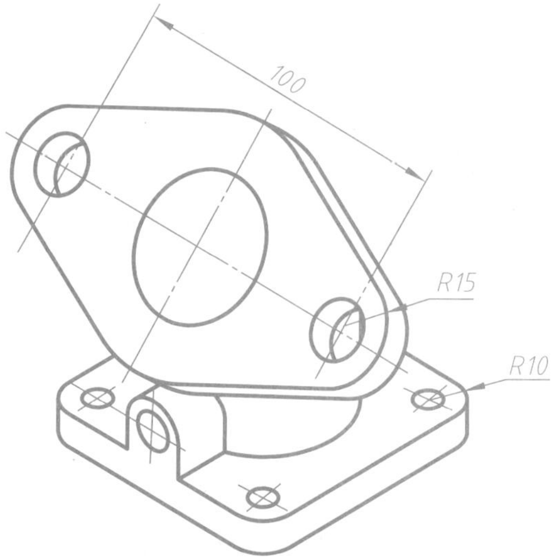

4-3　根据机件的轴测图与主视图，用局部视图和斜视图将未表达清楚的部分表达清楚，按 1:2 的比例绘制。

4-4　根据已知视图，补画主视图中漏画的图线。

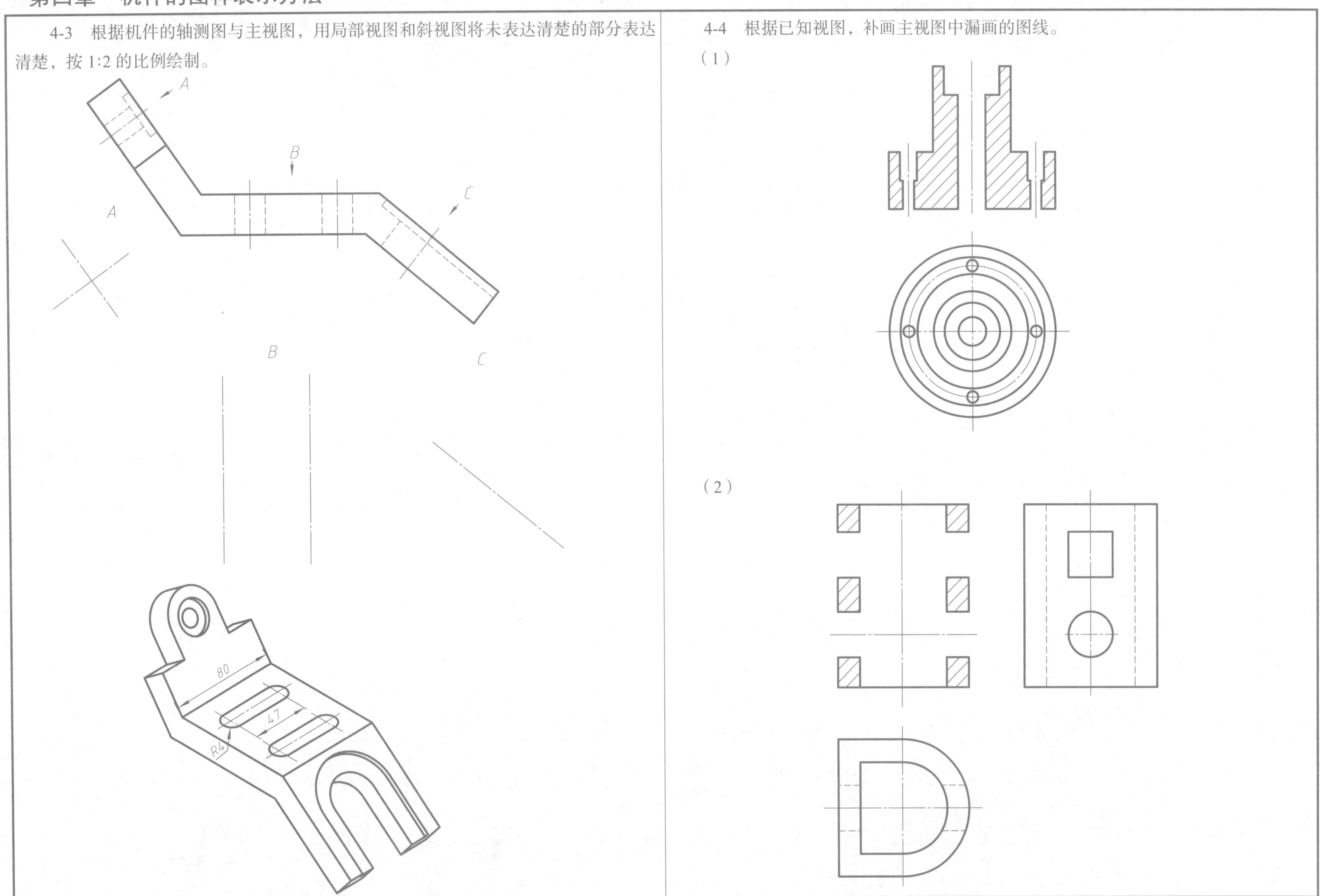

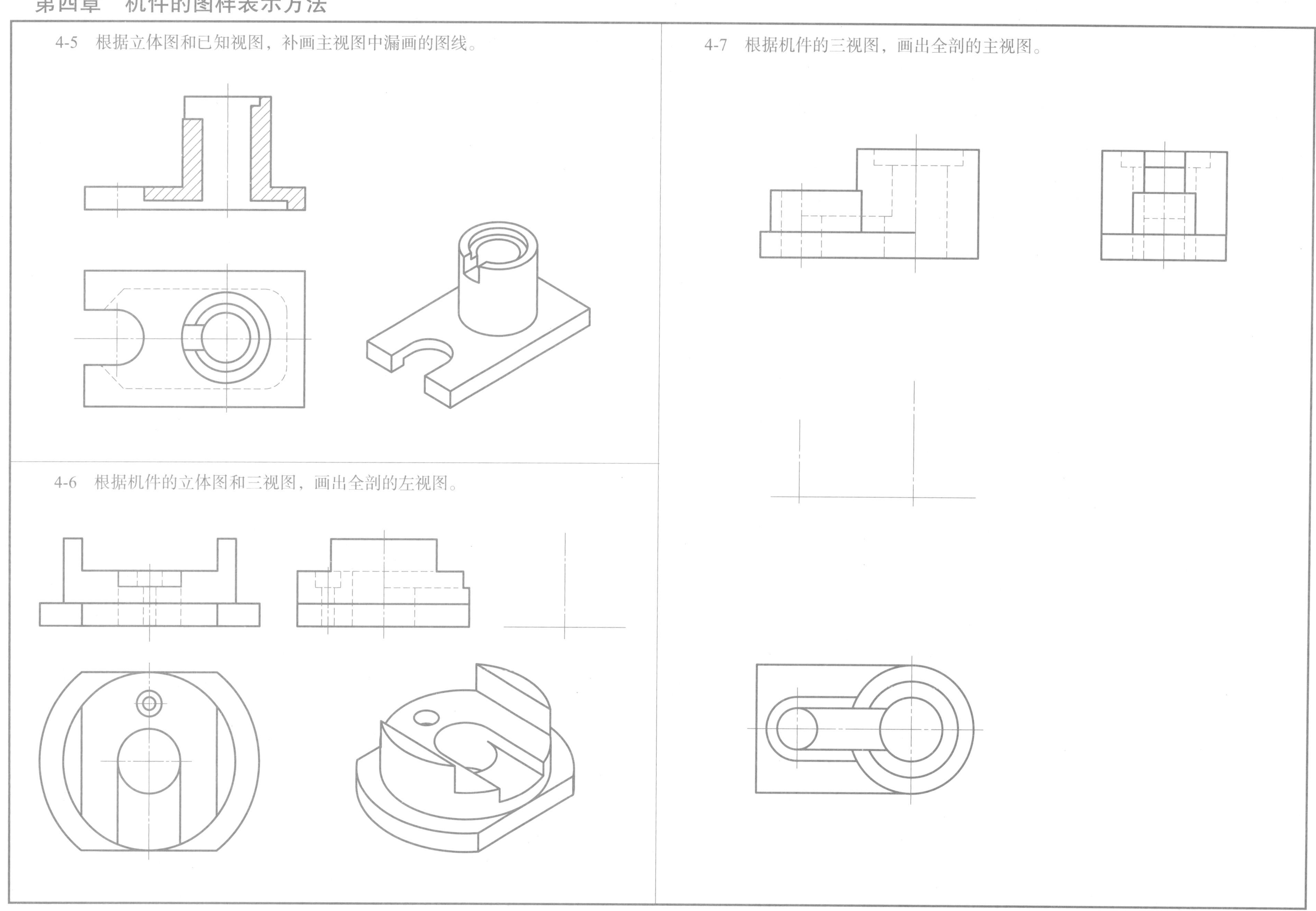

4-5　根据立体图和已知视图，补画主视图中漏画的图线。
4-6　根据机件的立体图和三视图，画出全剖的左视图。
4-7　根据机件的三视图，画出全剖的主视图。

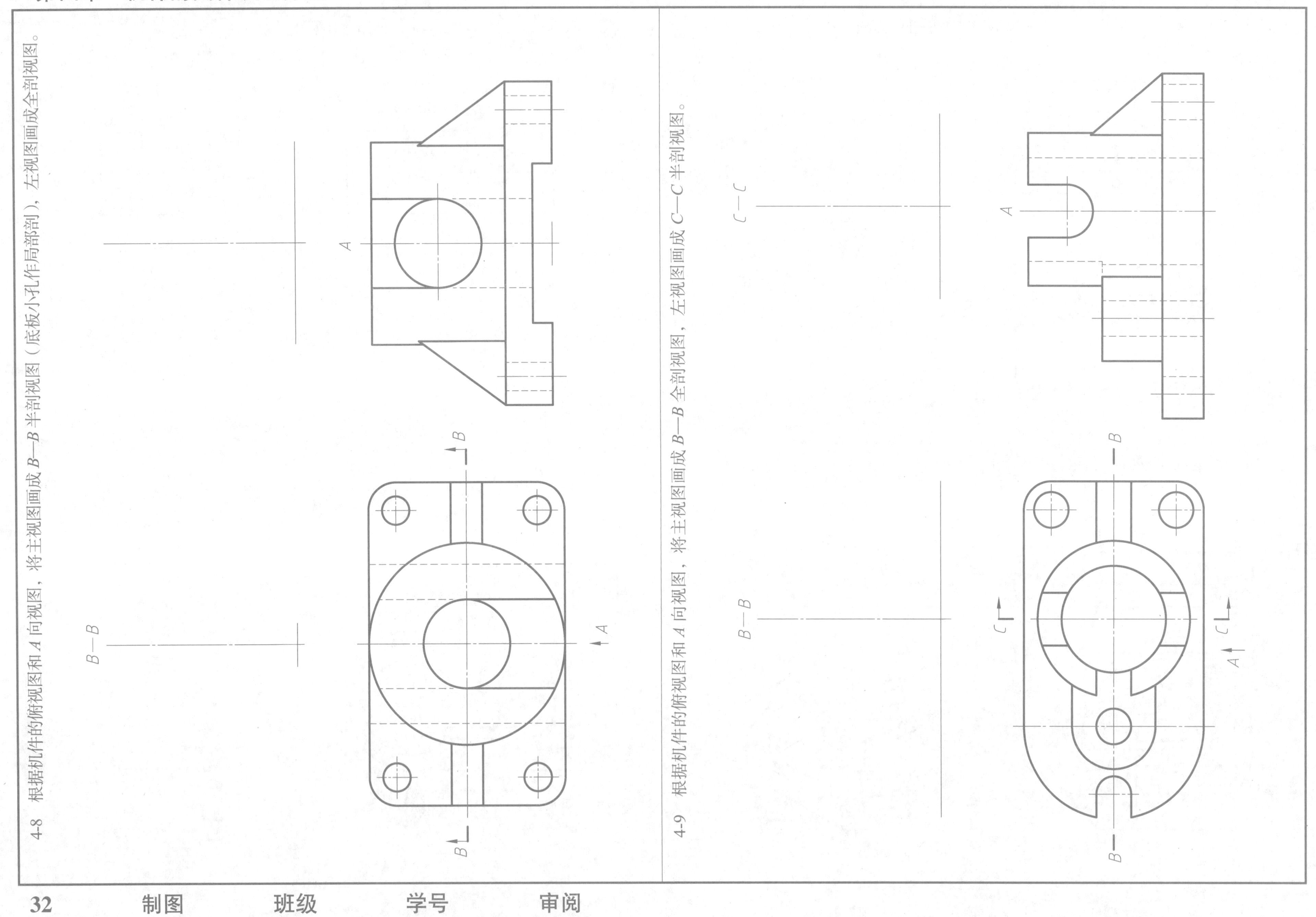

4-8　根据机件的俯视图和 *A* 向视图，将主视图画成 *B*—*B* 半剖视图（底板小孔作局部剖），左视图画成全剖视图。

4-9　根据机件的俯视图和 *A* 向视图，将主视图画成 *B*—*B* 全剖视图，左视图画成 *C*—*C* 半剖视图。

4-10　将以下三视图转换为单一剖切平面剖切的半剖视图，并按 1:1 的比例画在下方的指定位置处。

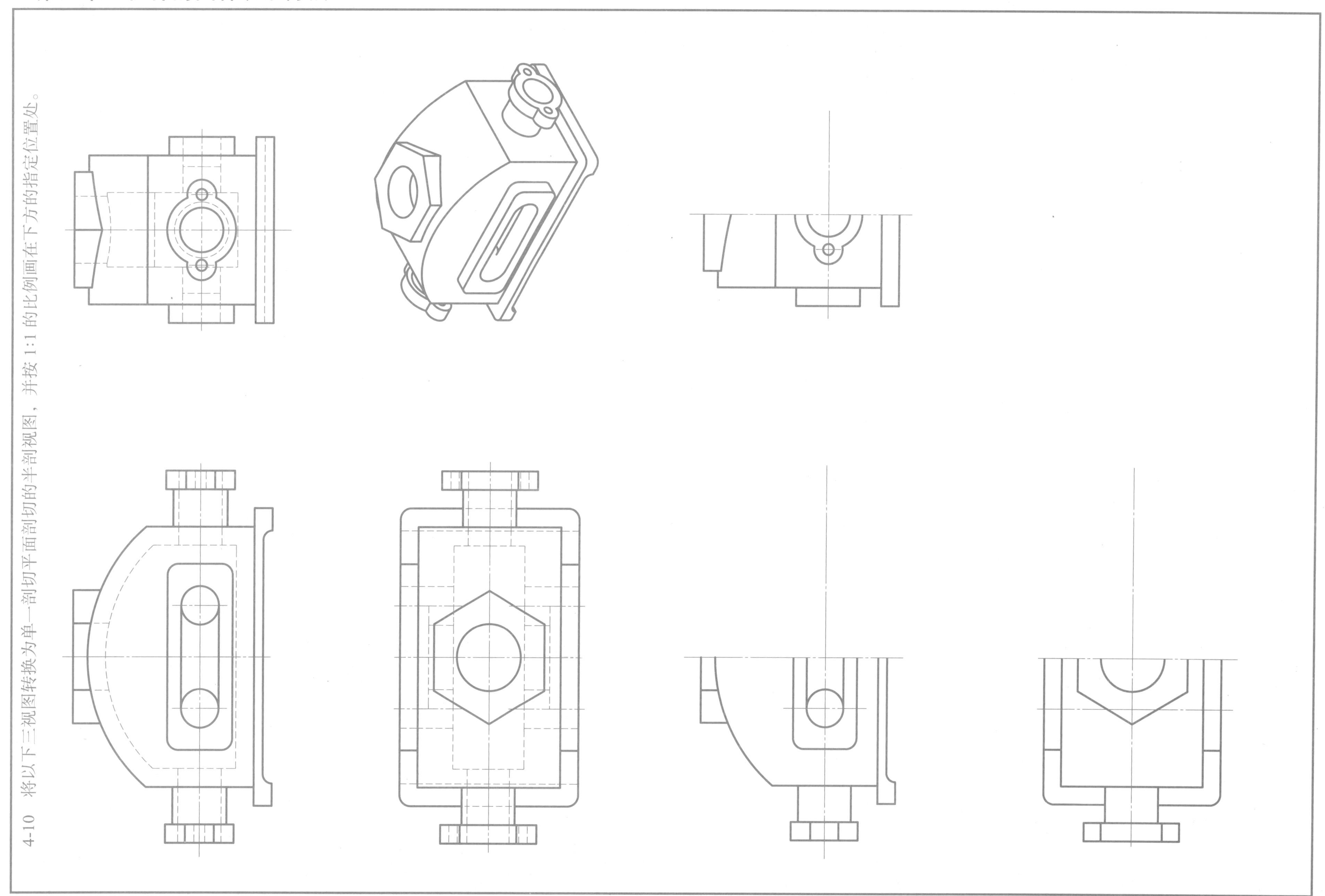

4-11　根据机件的主视图、俯视图和轴测图，在指定位置处将主视图和俯视图改画为局部剖视图。

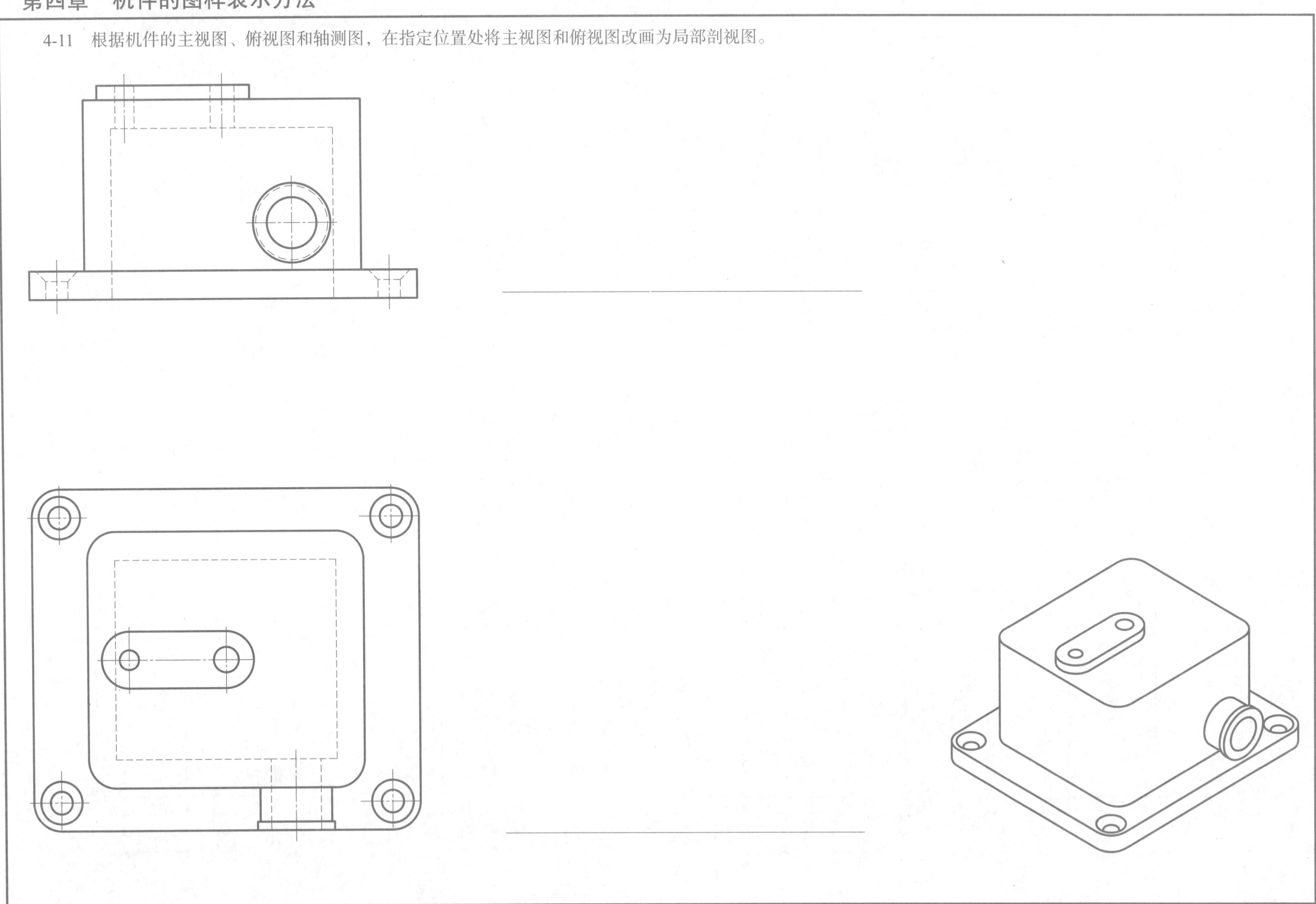

4-12　在指定位置处将主视图改画成全剖视图。

（1）作出 *A*—*A* 全剖视图。

（2）选择适当的剖切平面画出。

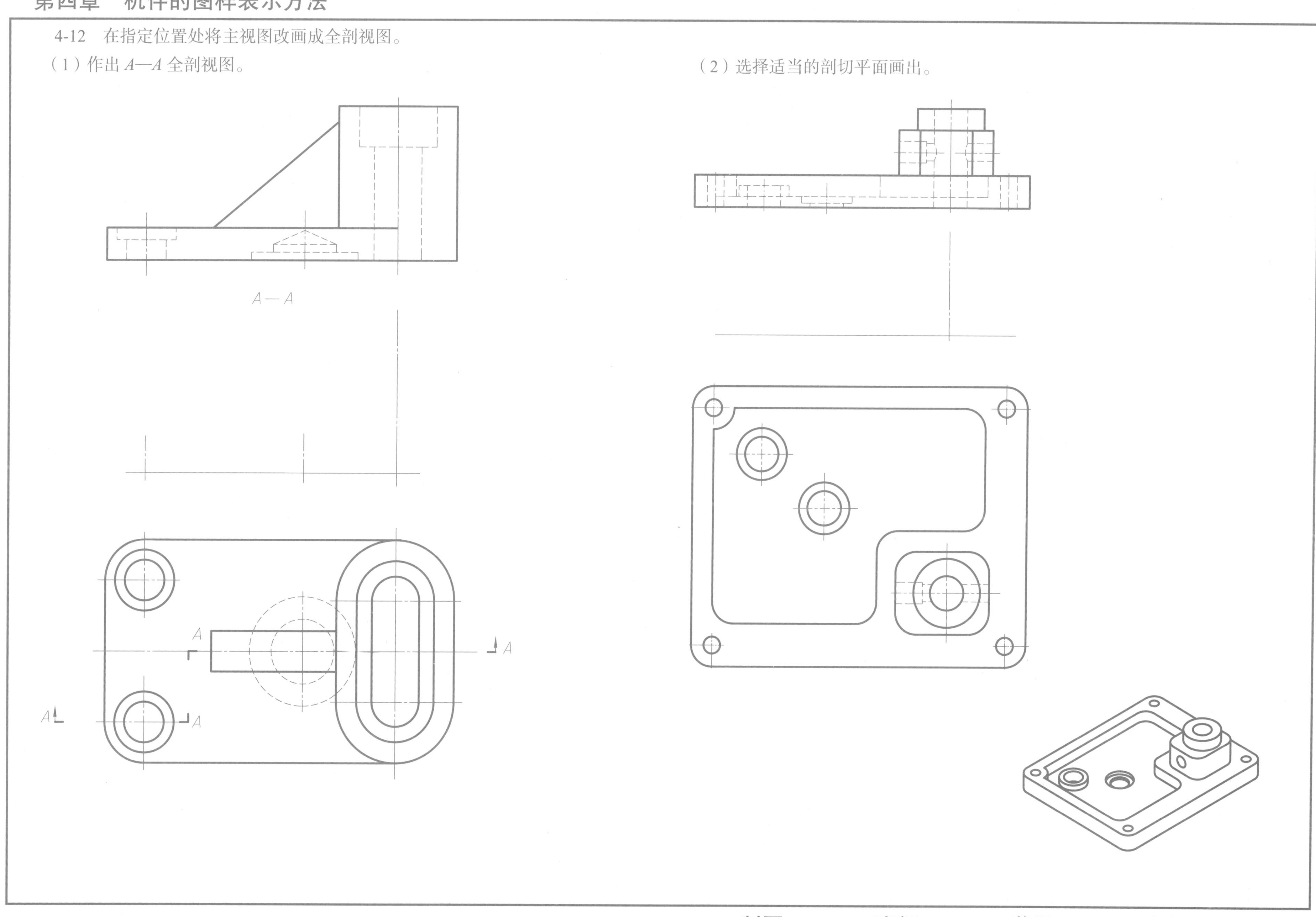

4-13　在指定位置处画出全剖的主视图。

（1）作出 *A*—*A* 全剖视图。

（2）选择适当的剖切方法画出。

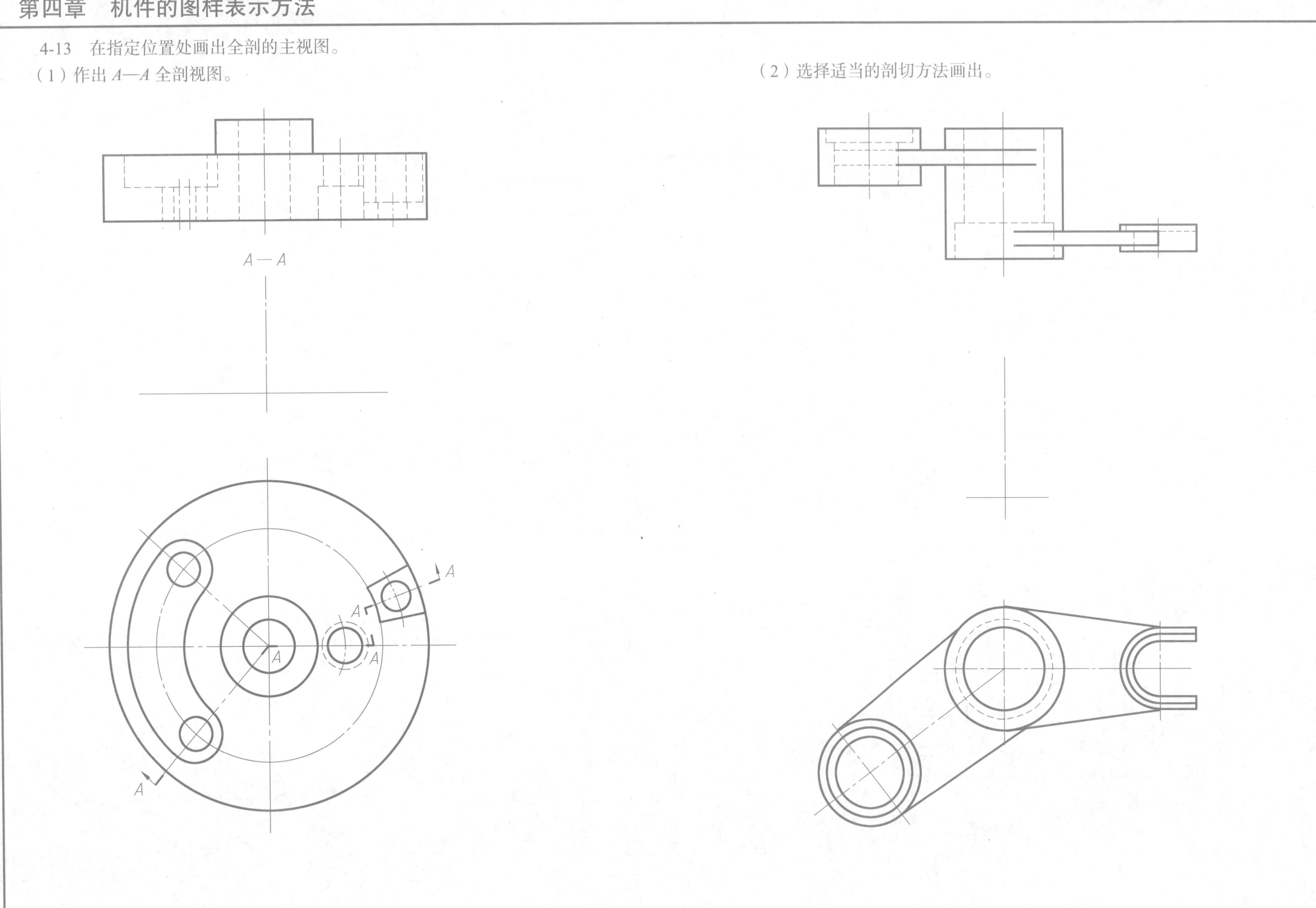

4-14　依据给出的剖切位置，在指定位置处画出机件的移出断面图。

（1）　　（2）

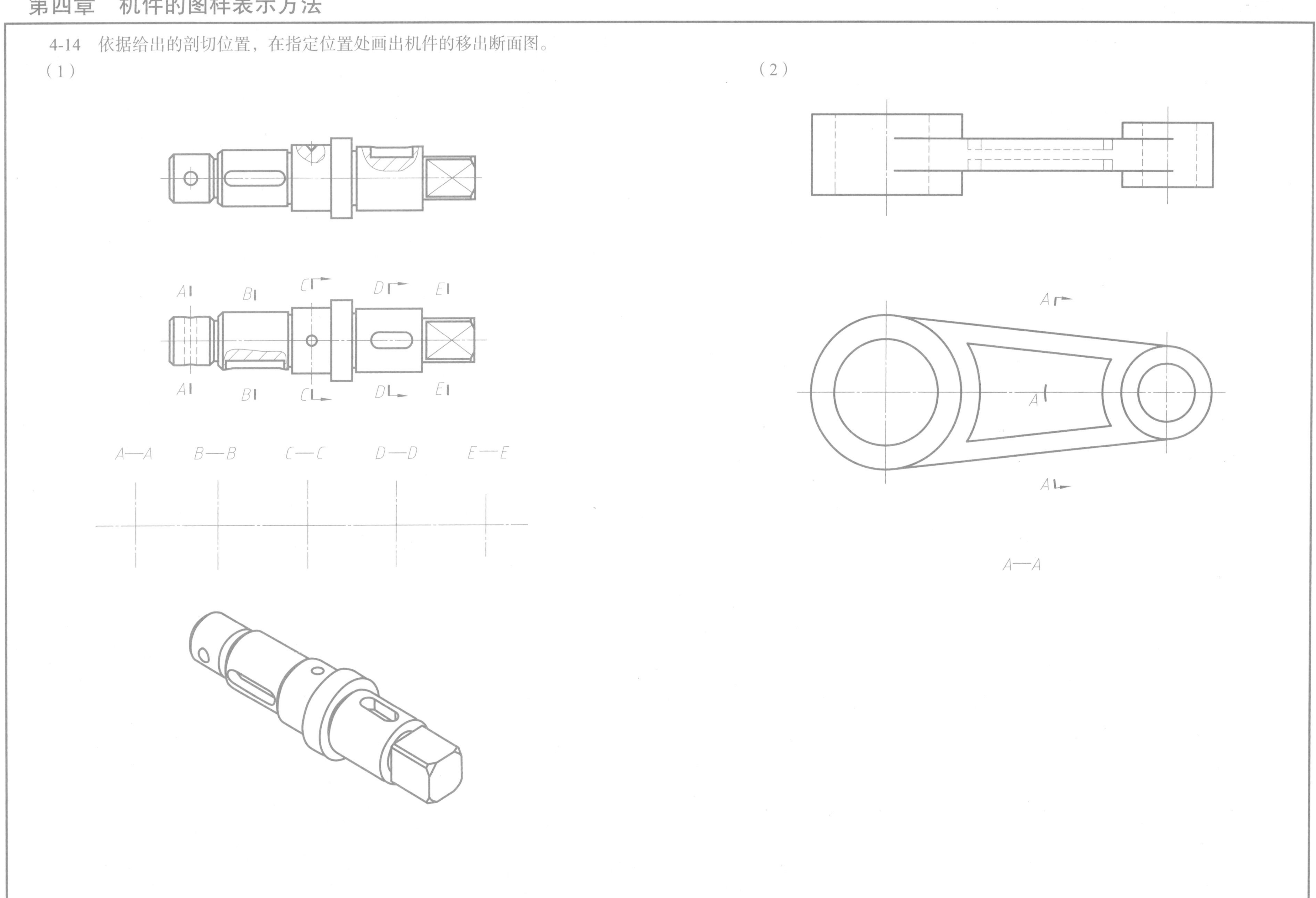

4-15　根据左侧机件的主视图和俯视图，在右侧主视图中画出指定截面的重合断面图。

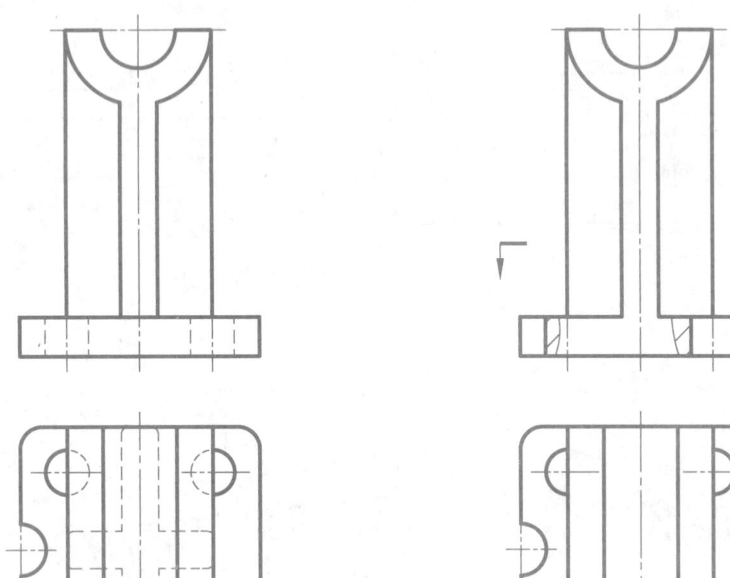

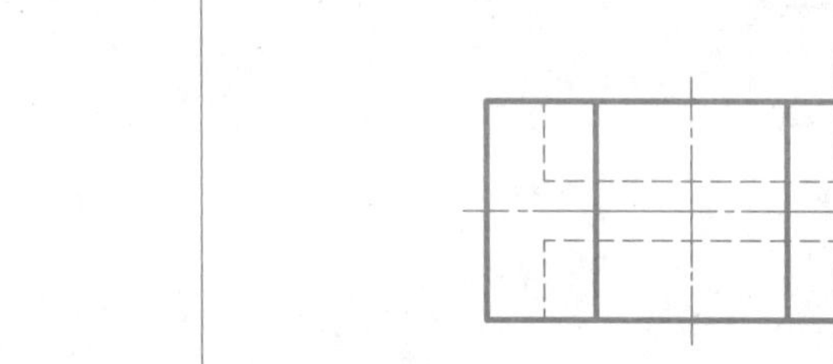

4-16　根据左侧机件的主视图和俯视图，在右侧主视图中画出指定截面（细点画线处）的重合断面图。

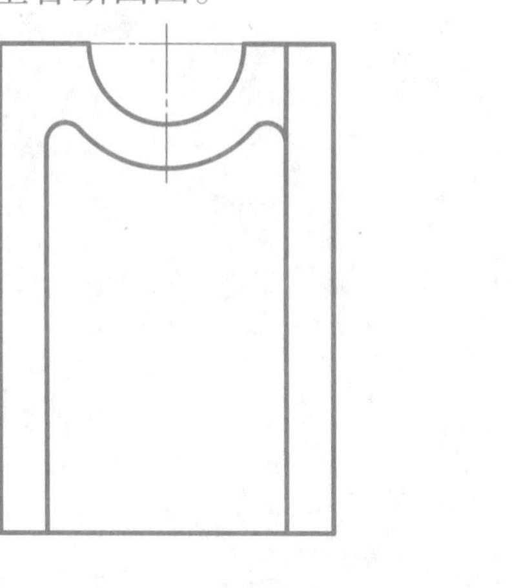

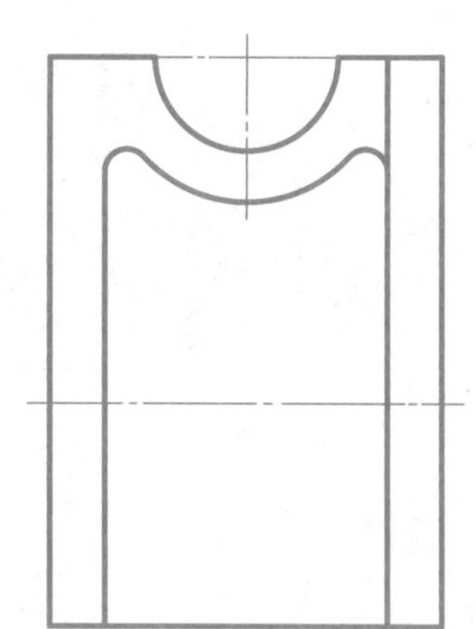

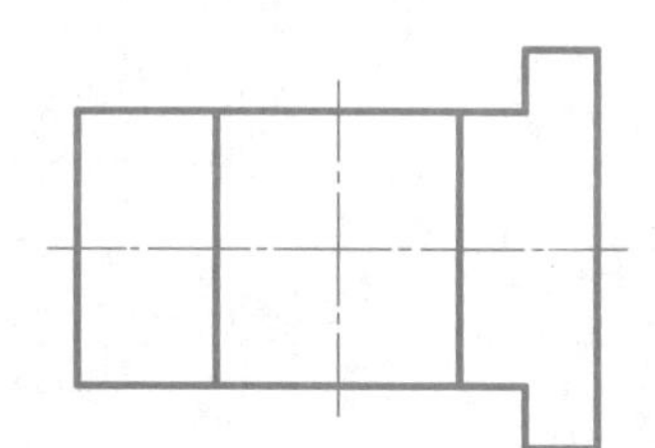

4-17　根据左侧的主视图及其剖切位置，在正确的 *A—A* 断面图下方打“√”。

（1）

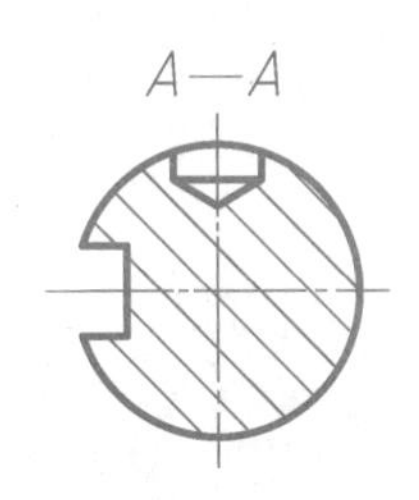

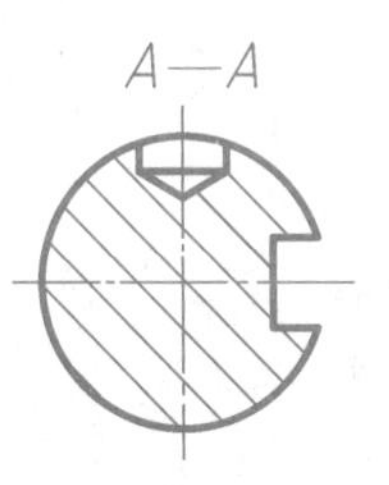

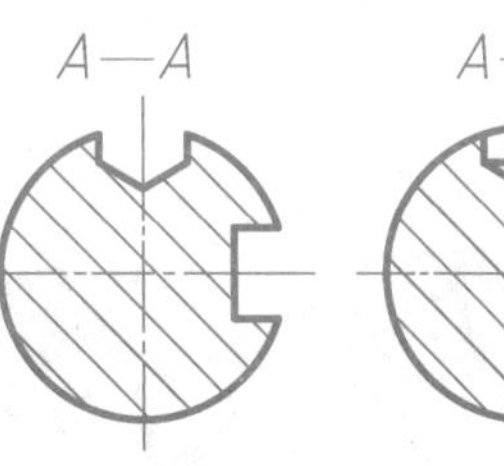

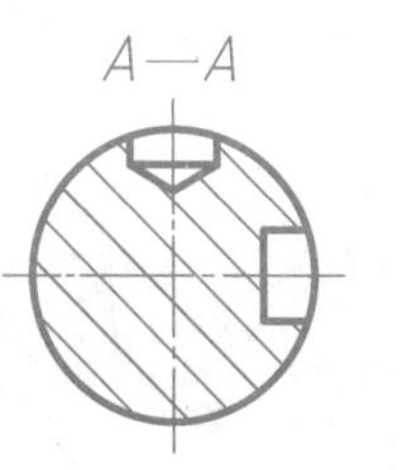

（2）

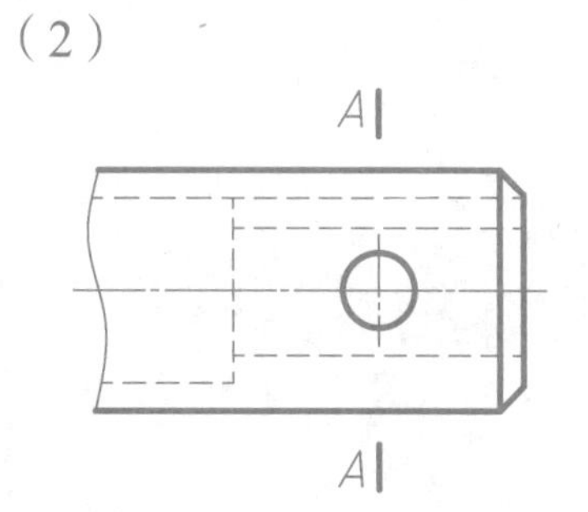

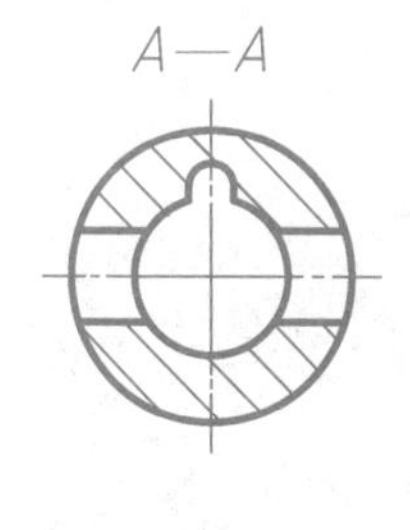

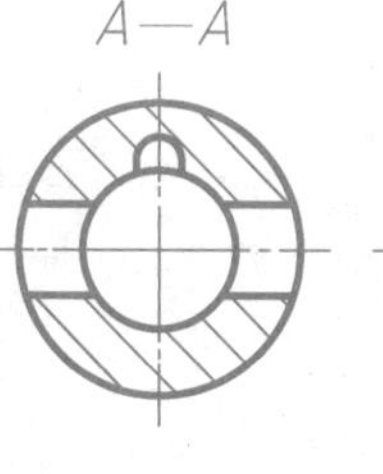

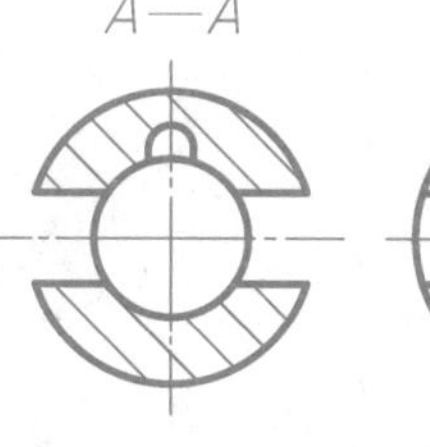

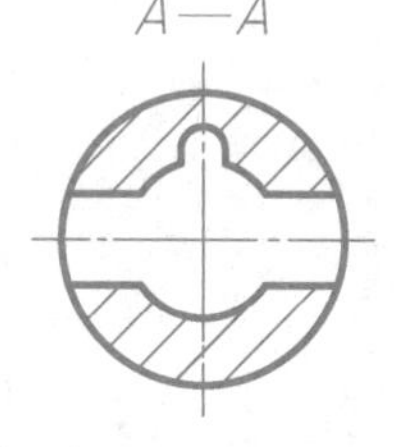

（3）

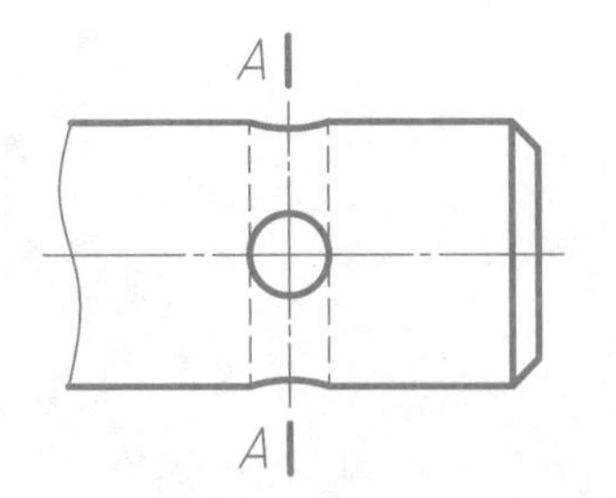

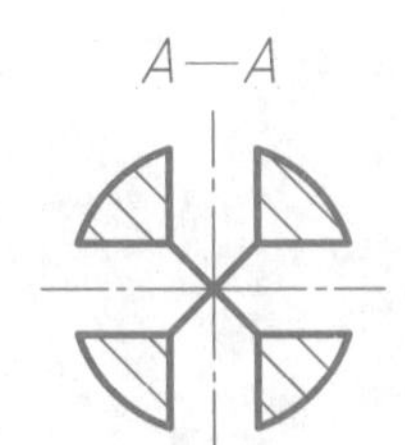

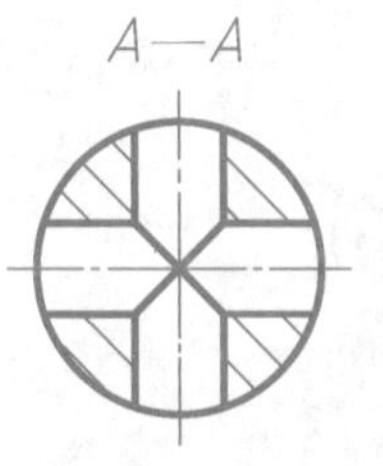

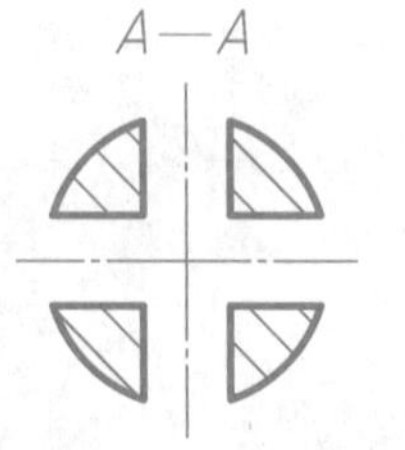

（4）

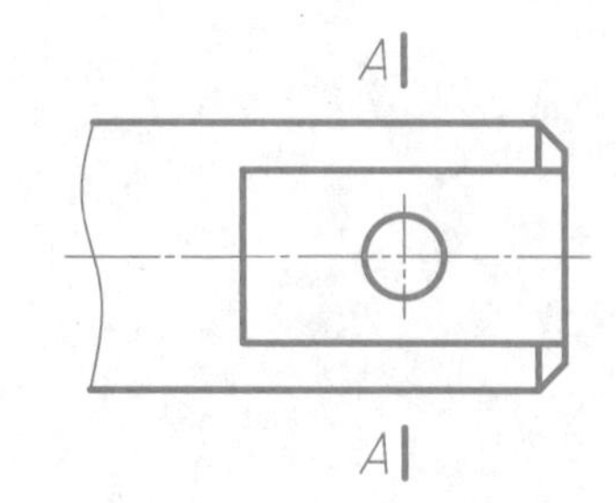

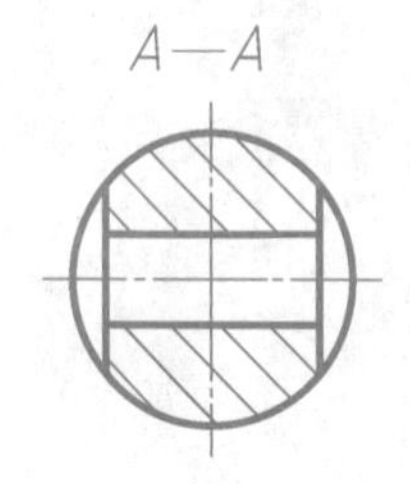

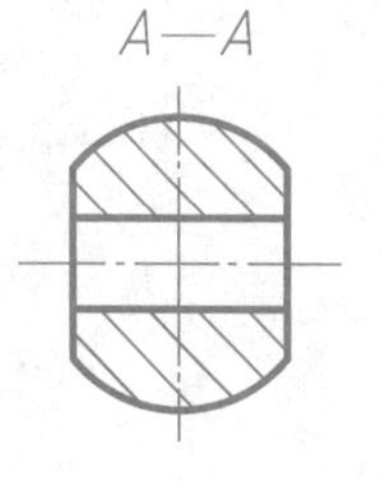

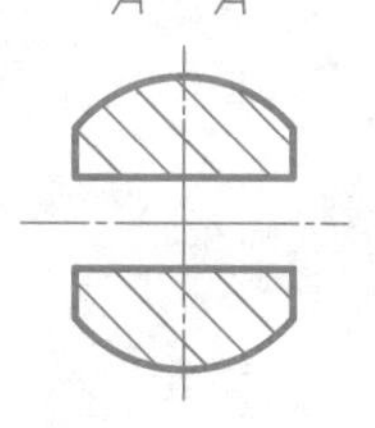

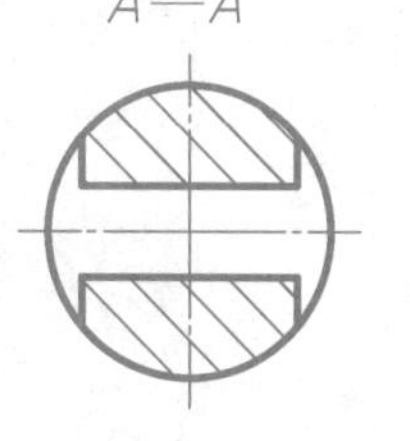

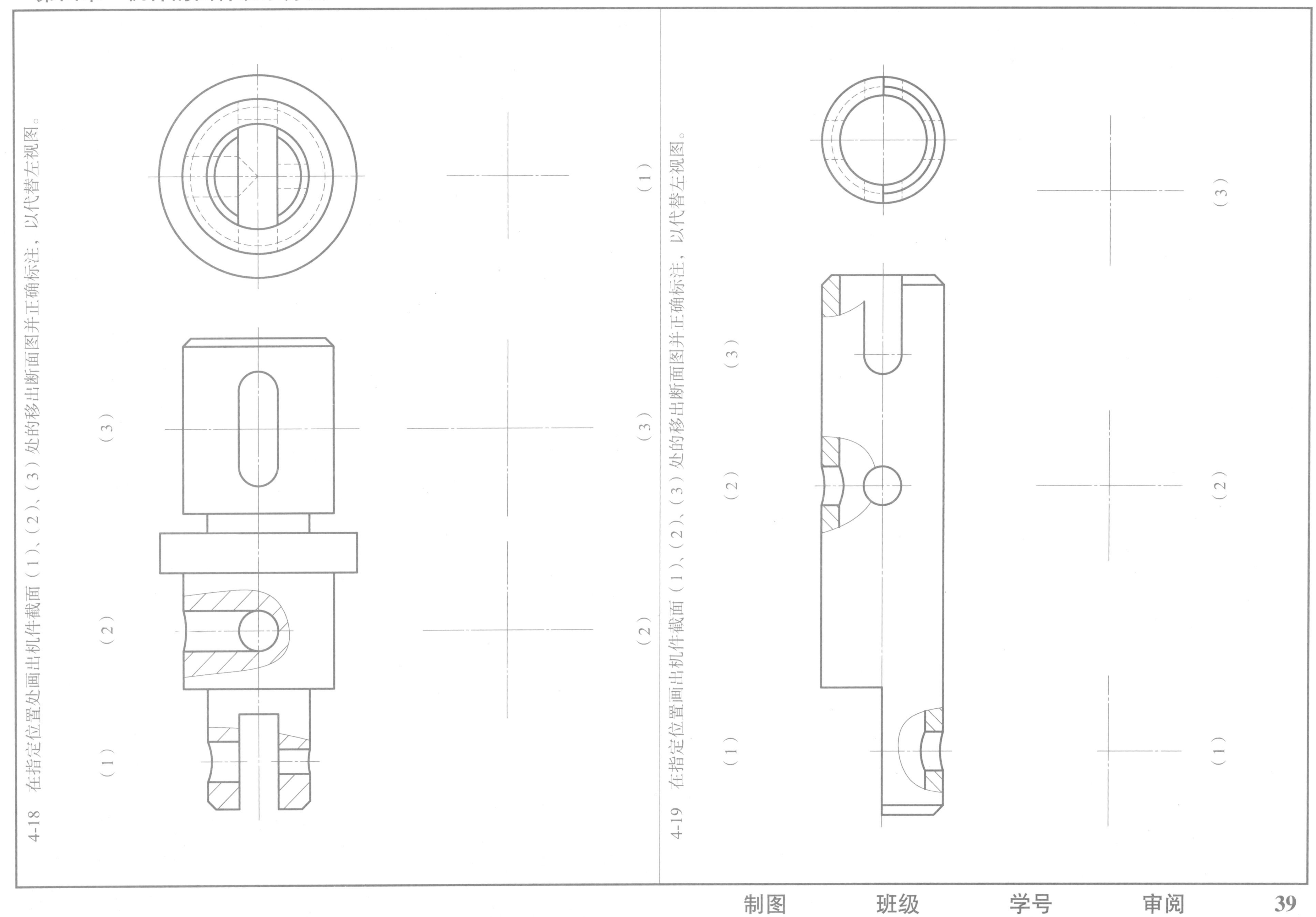
4-18　在指定位置处画出机件截面（1）、（2）、（3）处的移出断面图并正确标注，以代替左视图。
（1）
（2）
（3）
4-19　在指定位置画出机件截面（1）、（2）、（3）处的移出断面图并正确标注，以代替左视图。
（1）
（2）
（3）
（1）
（2）
（3）
（1）
（2）
（3）

4-20 按给定的比例画出指定位置处的局部放大图，所需尺寸按 1:1 的比例从原图中量取。

（1）

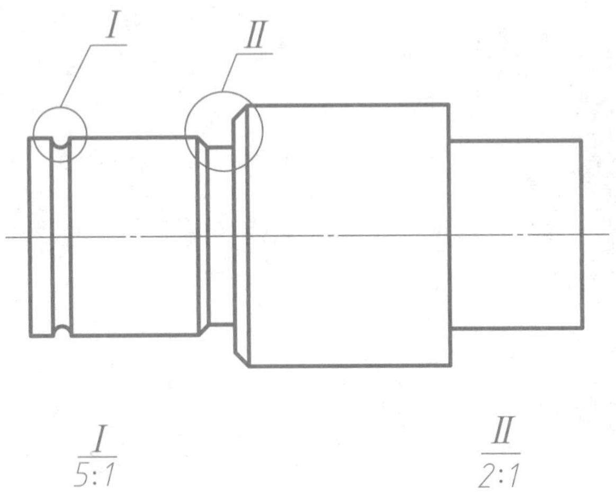

I II

I 5:1 II 2:1

（2）

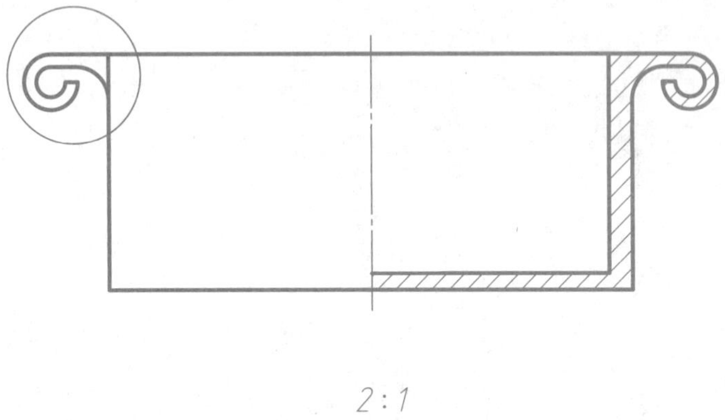

2:1

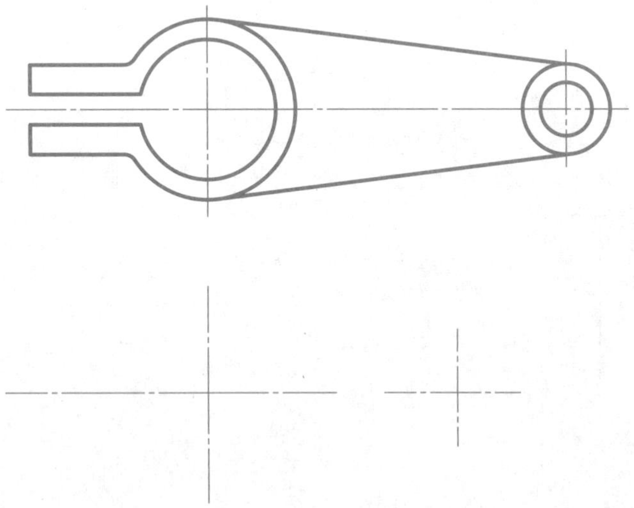

4-22 根据机件的结构特点，选择合适的剖视图重新画出机件的主视图。

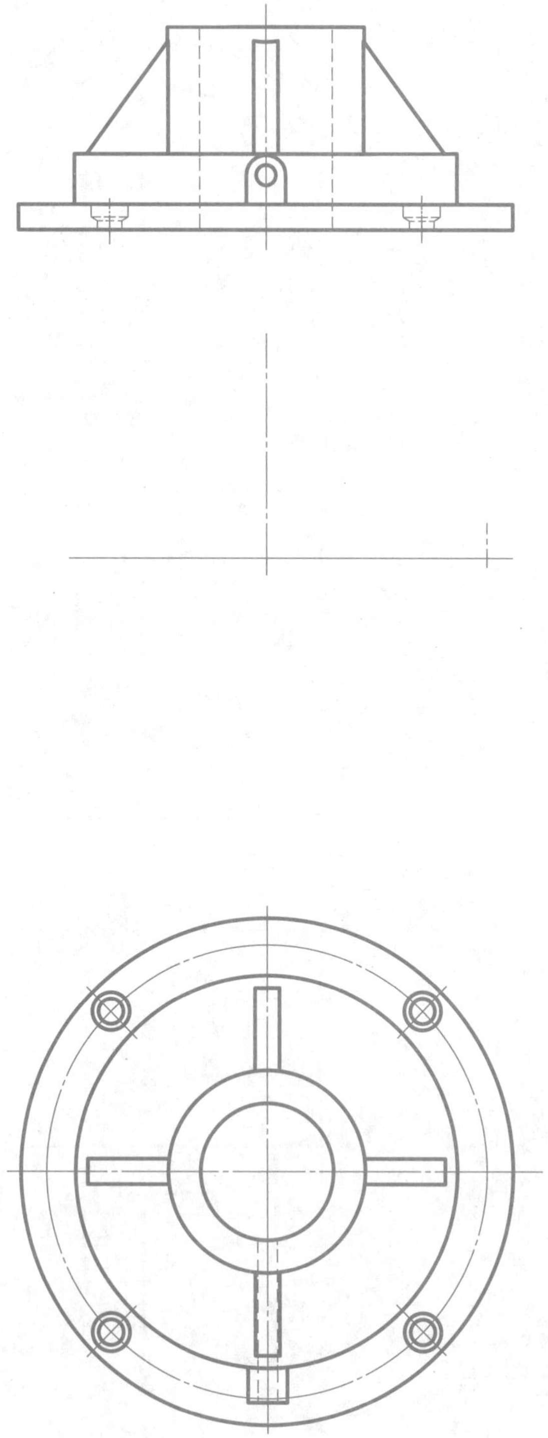

4-21 用简化画法对机件进行重新表达。

（1）

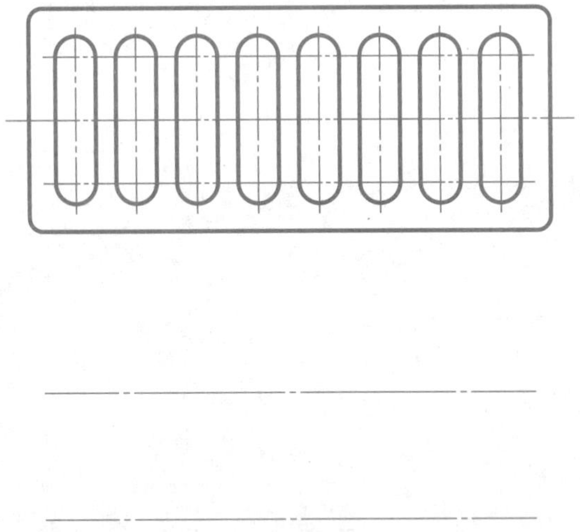

（2）

4-23　根据机件的三视图和轴测图，选择合适的表达方法重新表达机件，按 1:1 的比例画在下方的指定位置处。

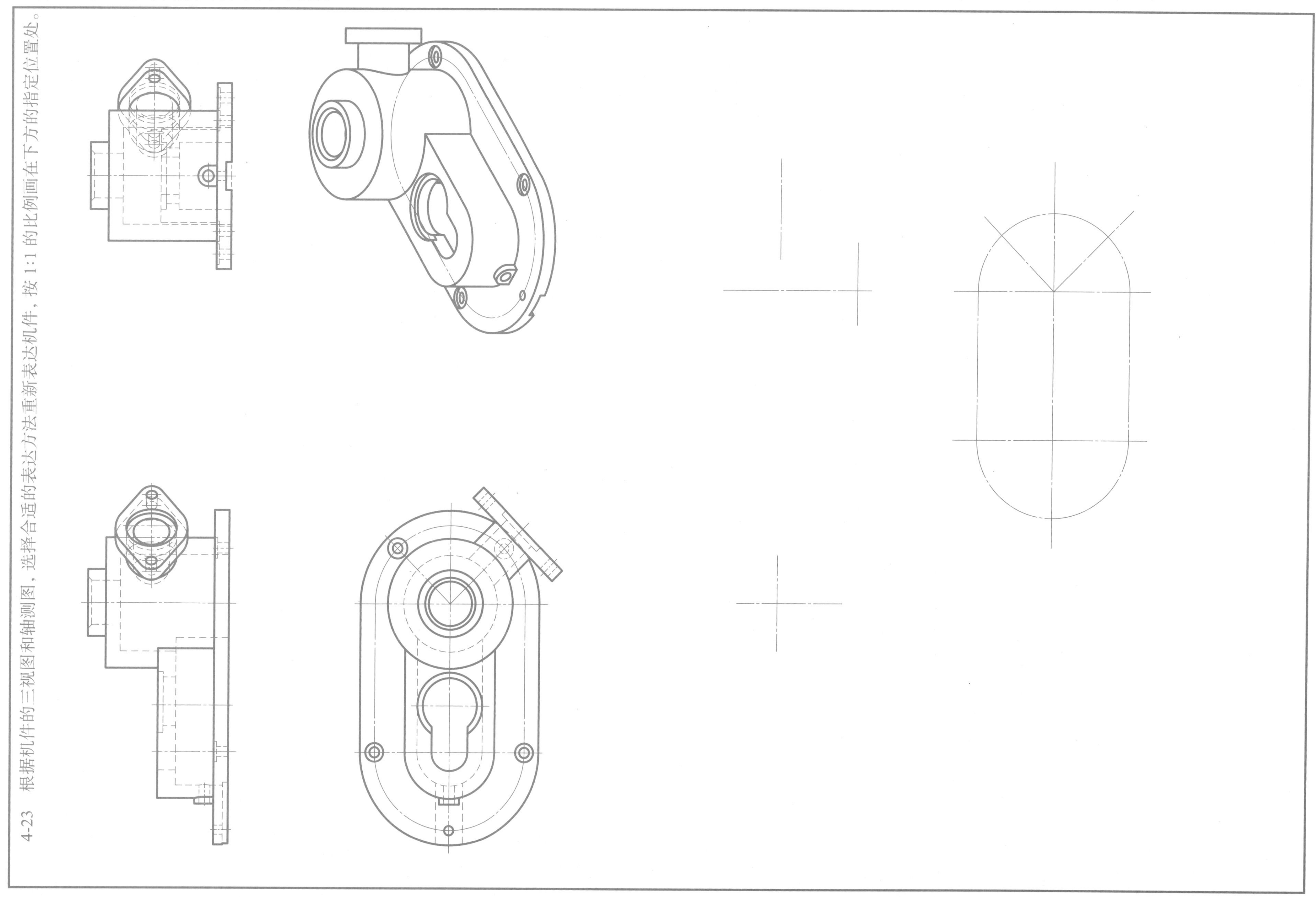

4-24　选择合适的表达方案重新表达机件并标注尺寸，按 1:1 的比例画在下方的空白处。

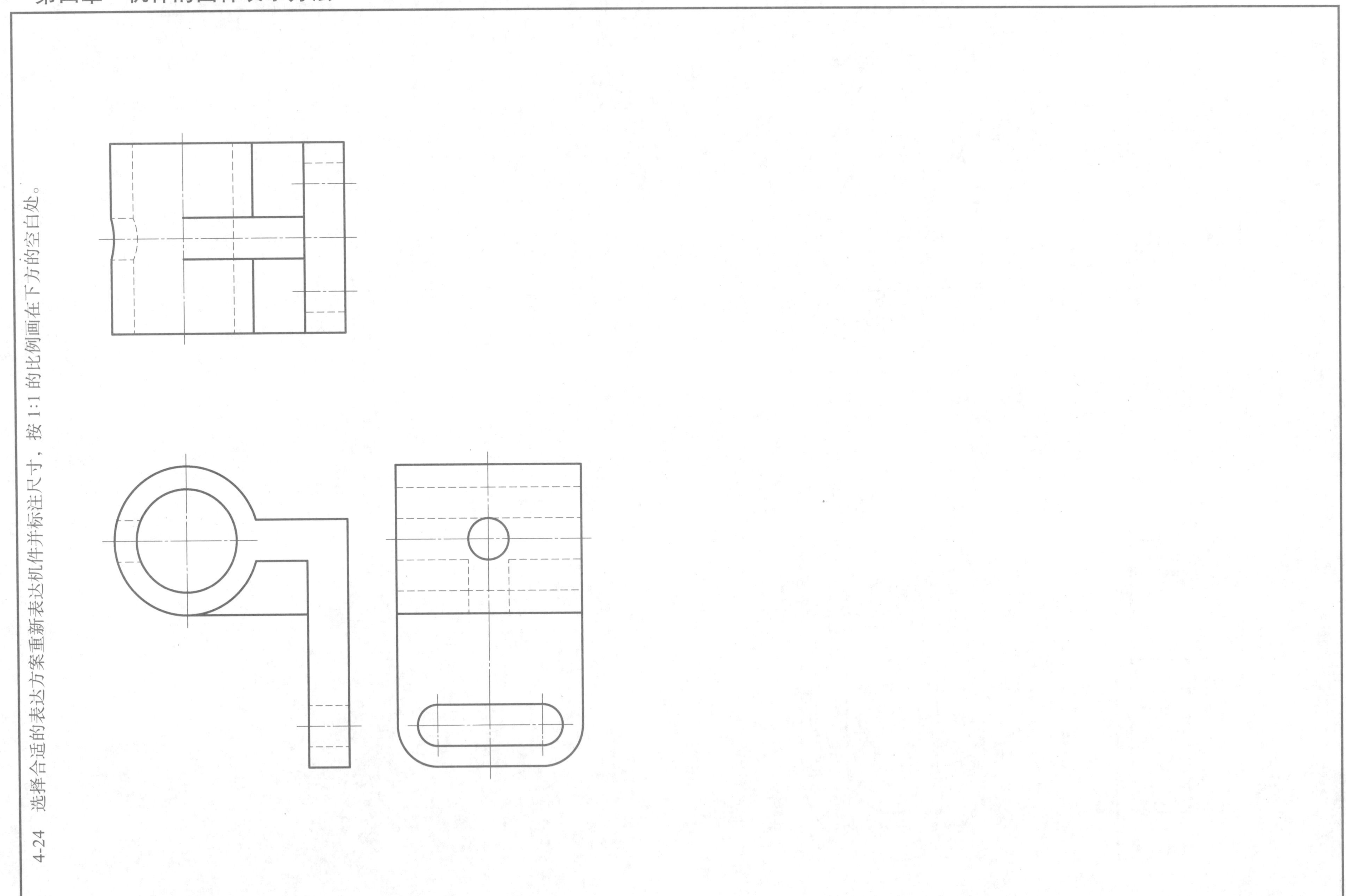

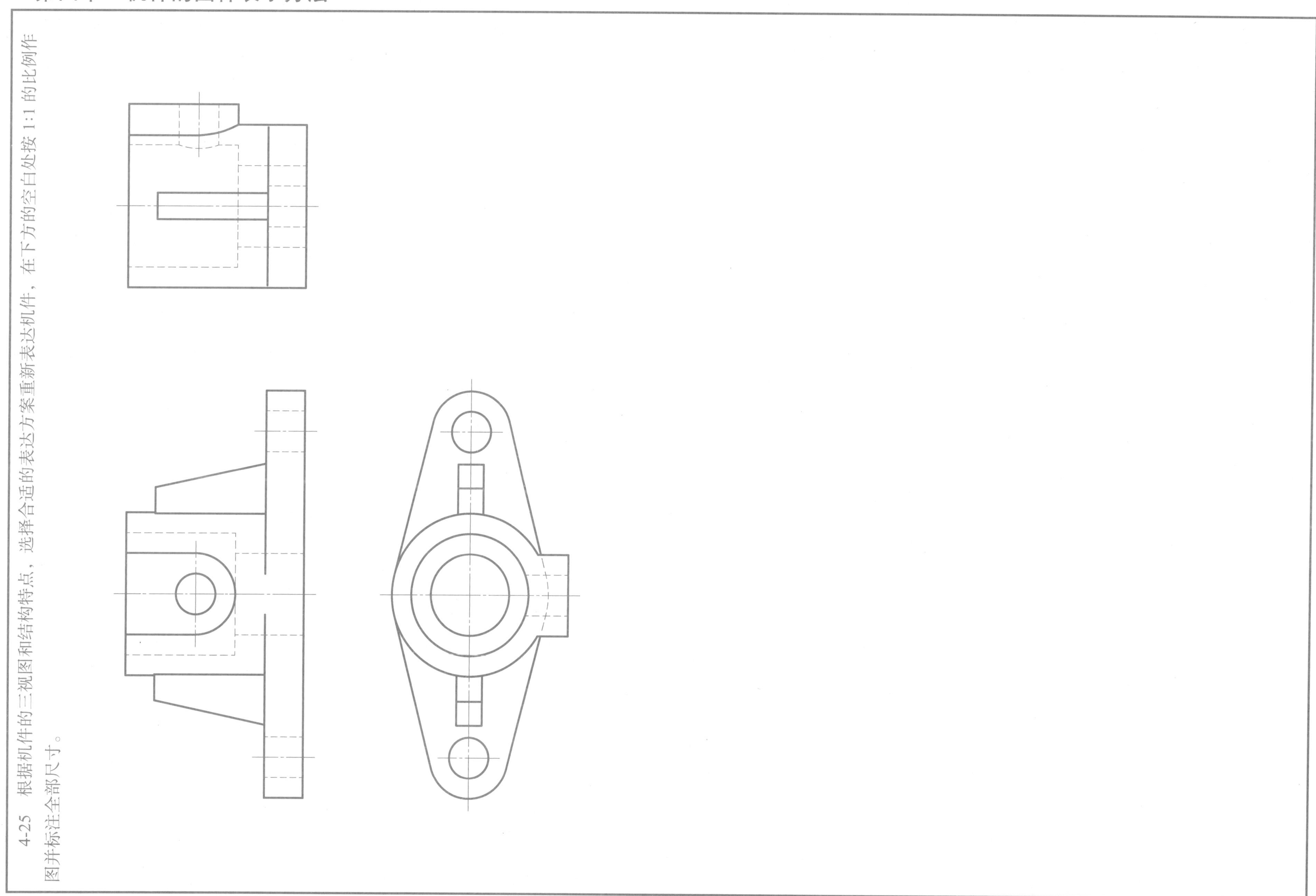

4-25　根据机件的三视图和结构特点，选择合适的表达方案重新表达机件，在下方的空白处按 1:1 的比例作图并标注全部尺寸。

4-26 根据给出的视图和剖切平面，在指定位置处画出全剖视图。

4-27 完成机件剖切后的正等轴测投影。

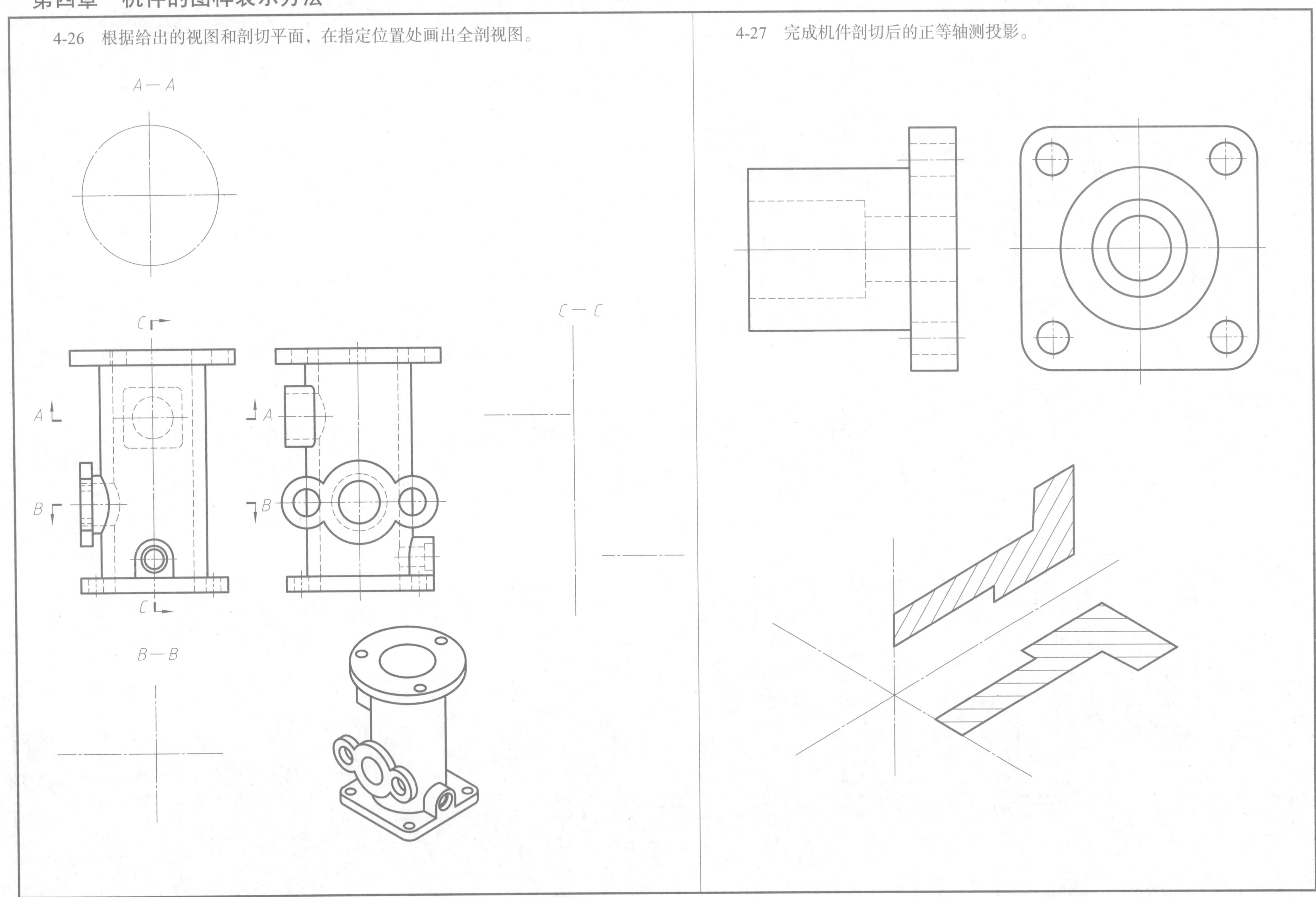

第三篇　机械产品表达篇

第五章　零件的表示方法

5-1　将正确的答案填写在下方的横线上。

（1）螺纹五要素是________、________、________、________、________，内、外螺纹旋合条件是____。

（2）标准螺纹是指________、________、________符合标准，螺纹的公称直径是指螺纹的________。

（3）M30×2-5g6g-LH 的含义：____。

5-2　按要求画出零件上的内、外螺纹及它们的连接图，并标注尺寸。

（1）在 $\phi20$ 的圆柱杆件左端制出一段长 30mm 的普通粗牙螺纹，中径和顶径公差带代号均为 6f，倒角为 *C*2.5。画出螺纹杆的主、左视图，并标注出螺纹的标记、螺纹长度和倒角尺寸，其中螺纹小径按 0.85*d* 绘制。

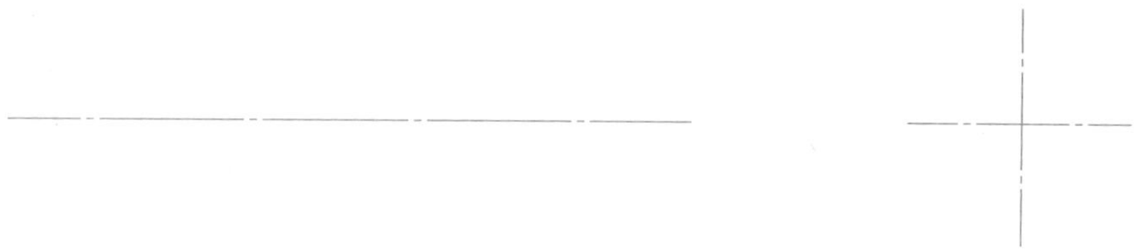

（2）在零件左端面制出一个粗牙普通螺纹的螺纹孔，公称直径为 20mm，中径和顶径的公差带代号均为 5H，螺纹孔深度为 30mm，钻孔深度为 36mm。画出螺纹孔的主、左视图，并标注螺纹标记、螺纹孔和钻孔深度尺寸，其中主视图采用全剖视图，左视图不剖，钻孔直径按 0.85*d* 绘制。

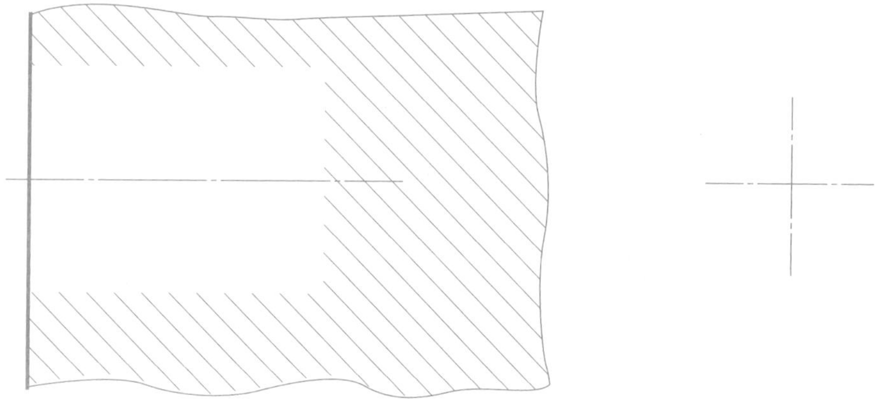

（3）将（1）、（2）小题零件的螺纹杆和螺纹孔画成连接图，它们的旋合长度为 20mm，主、左视图均采用全剖视图。

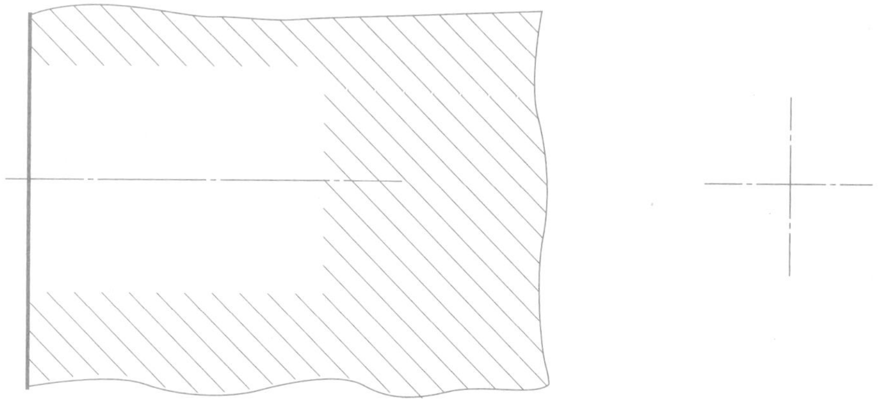

5-3　检查下列螺纹画法的错误，将正确的图形画在右侧的指定位置处并标注螺纹尺寸。

（1）

M20×2

（2）

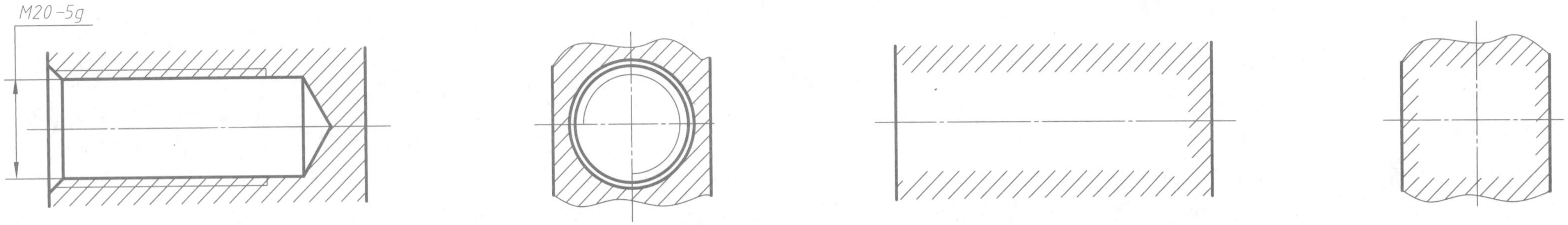

M20-5g

（3）

（4）

5-4　完成如下工艺结构的尺寸标注，除给出的尺寸外，其余尺寸按 1:1 的比例量取并按规定选取。

（1）轴工艺结构尺寸标注。

（2）不通孔工艺结构尺寸标注。

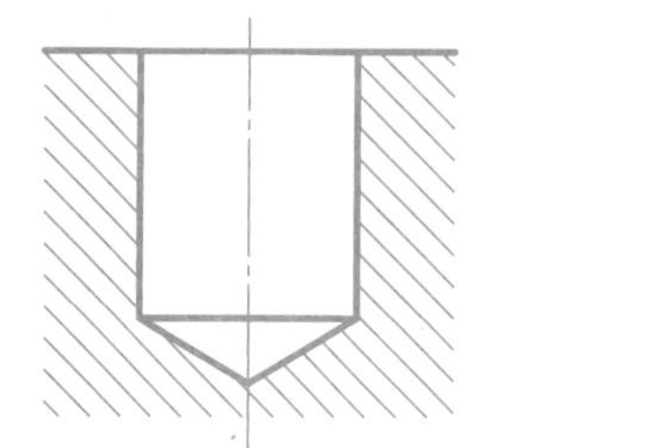

（3）锪平孔和柱形沉孔工艺结构尺寸标注。

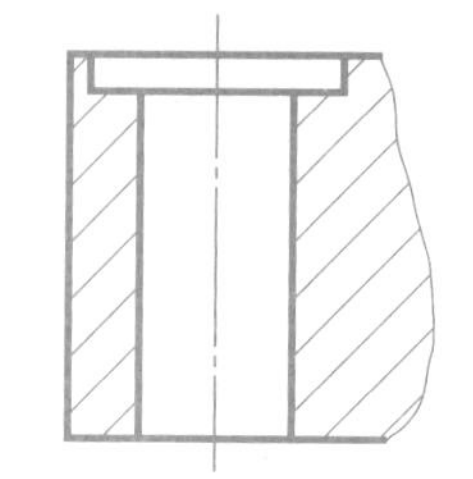

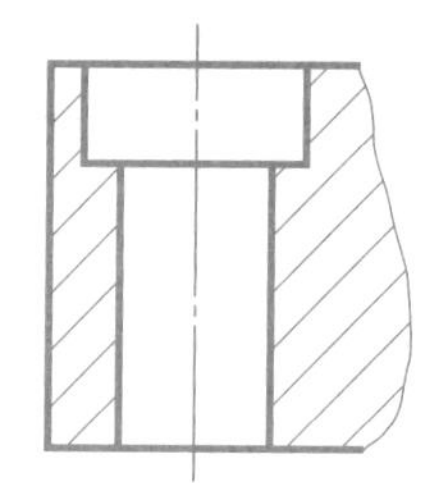

（4）通孔工艺结构尺寸标注。

（5）一般螺纹孔工艺结构尺寸标注：螺纹孔规格为 M10。

（6）带退刀槽螺纹孔工艺结构尺寸标注：螺纹孔规格为 M16，退刀槽长度为 4mm，深度为 1mm。

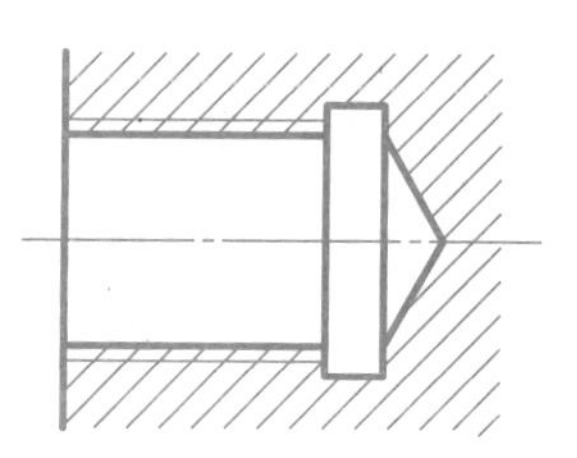

（7）螺纹工艺结构尺寸标注：普通螺纹，公称直径为 16mm，螺纹小径为 0.85*d*，倒角为 *C*1.6，退刀槽宽度为 6mm，深度为 1.5mm。

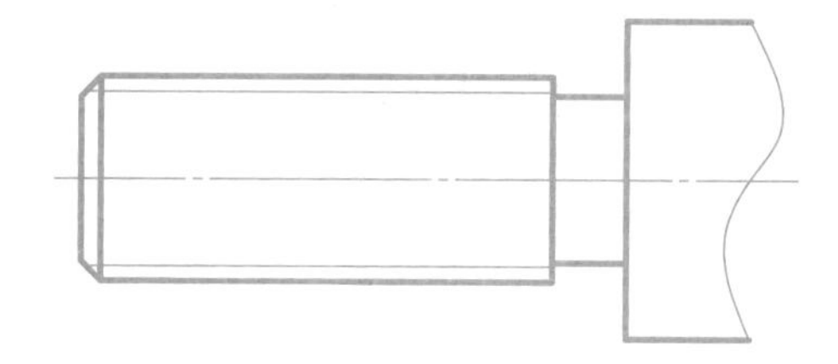

5-5　完成轴类零件视图选择及尺寸标注。

（1）阅读如下轴的三维模型和尺寸，选择零件图的主视图投射方向并标注在图中。该轴上螺纹段的螺纹长度为 14mm，倒角为 *C*0.5，其余未注倒角 *C*1。

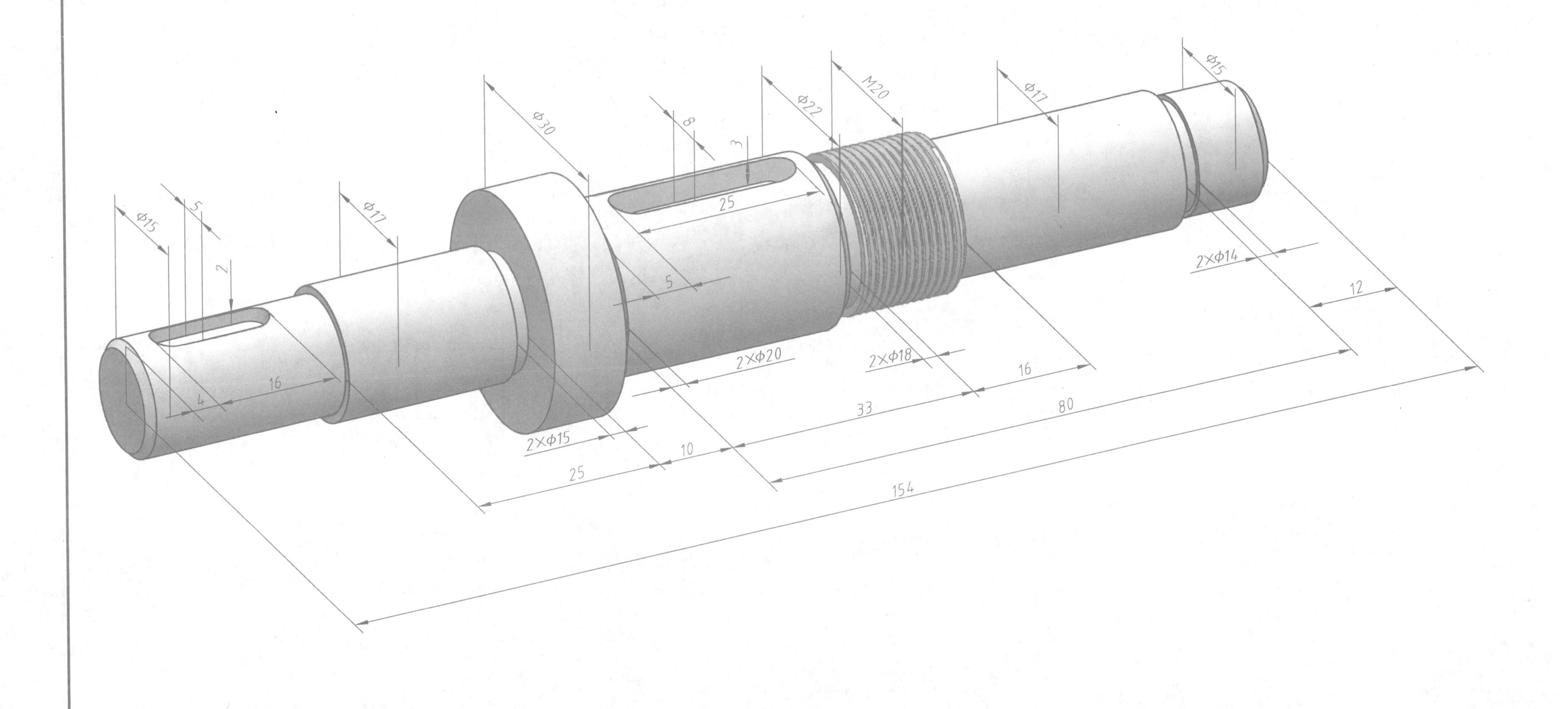

5-5　完成轴类零件视图选择及尺寸标注。（续）

（2）在本页的空白处绘制（1）中轴的零件图，选择合适的比例并正确标注尺寸。

制图	(姓名)	(日期)	轴		图号	
审核	(姓名)	(日期)				
校名	班级/学号		(材料)	件	比例	

5-6　完成盘盖类零件视图选择及尺寸标注。

（1）阅读如下盘盖的三维模型和尺寸，选择零件图的主视图投射方向并标注在图中，图中未注圆角 $R2$，未注倒角 $C2$。

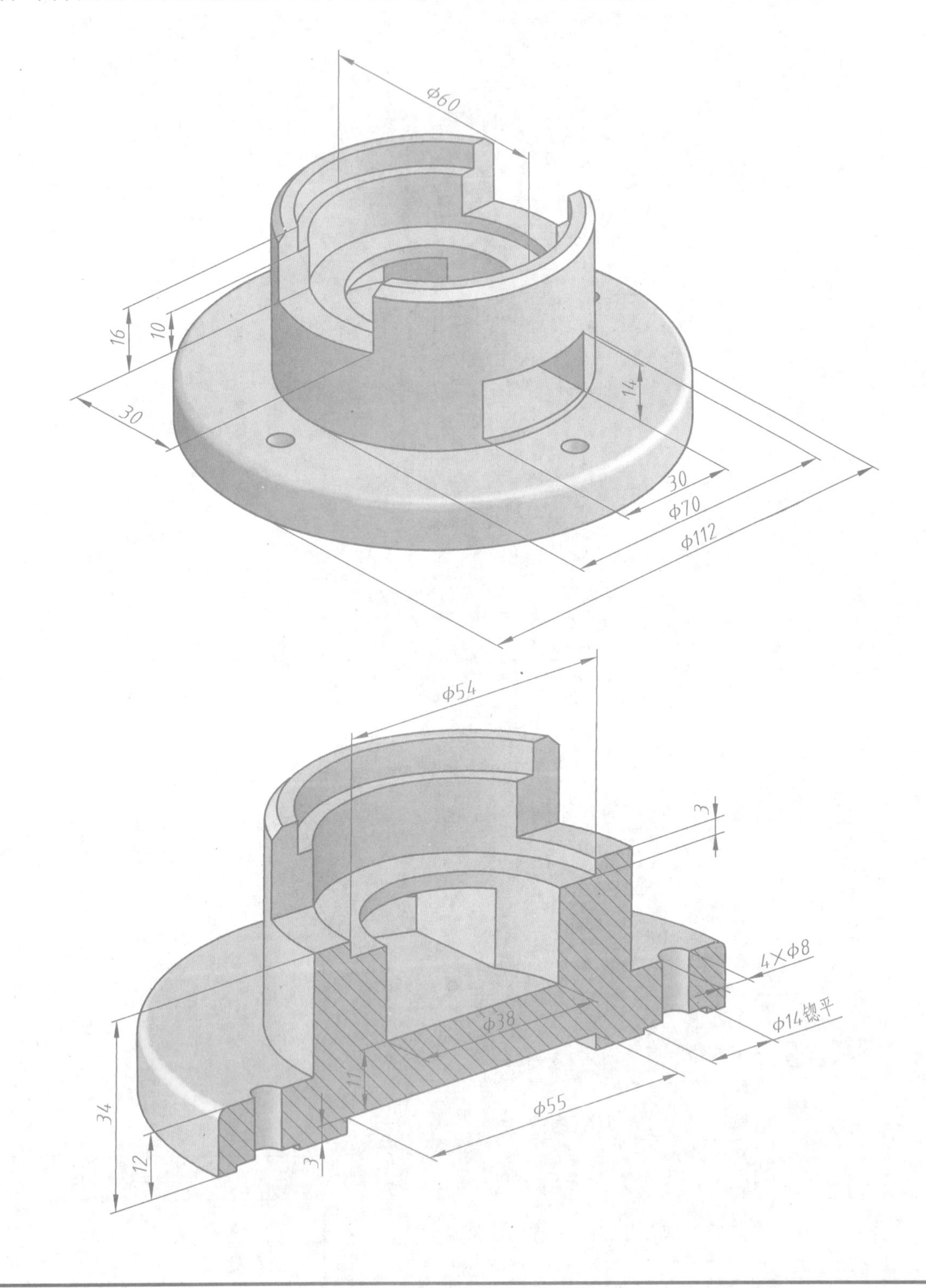

5-6　完成盘盖类零件视图选择及尺寸标注。（续）

（2）在本页的空白处绘制（1）中盘盖的零件图，选择合适的比例并正确标注尺寸。

制图	(姓名)	(日期)	盘盖	图号
审核	(姓名)	(日期)		
校名	班级/学号		(材料) 件	比例

5-7　完成支架类零件视图选择及尺寸标注。

（1）阅读如下支架零件的三维模型和尺寸，选择零件图的主视图投射方向并标注在图中。图中未注倒角 *C*1，省略了螺纹建模。

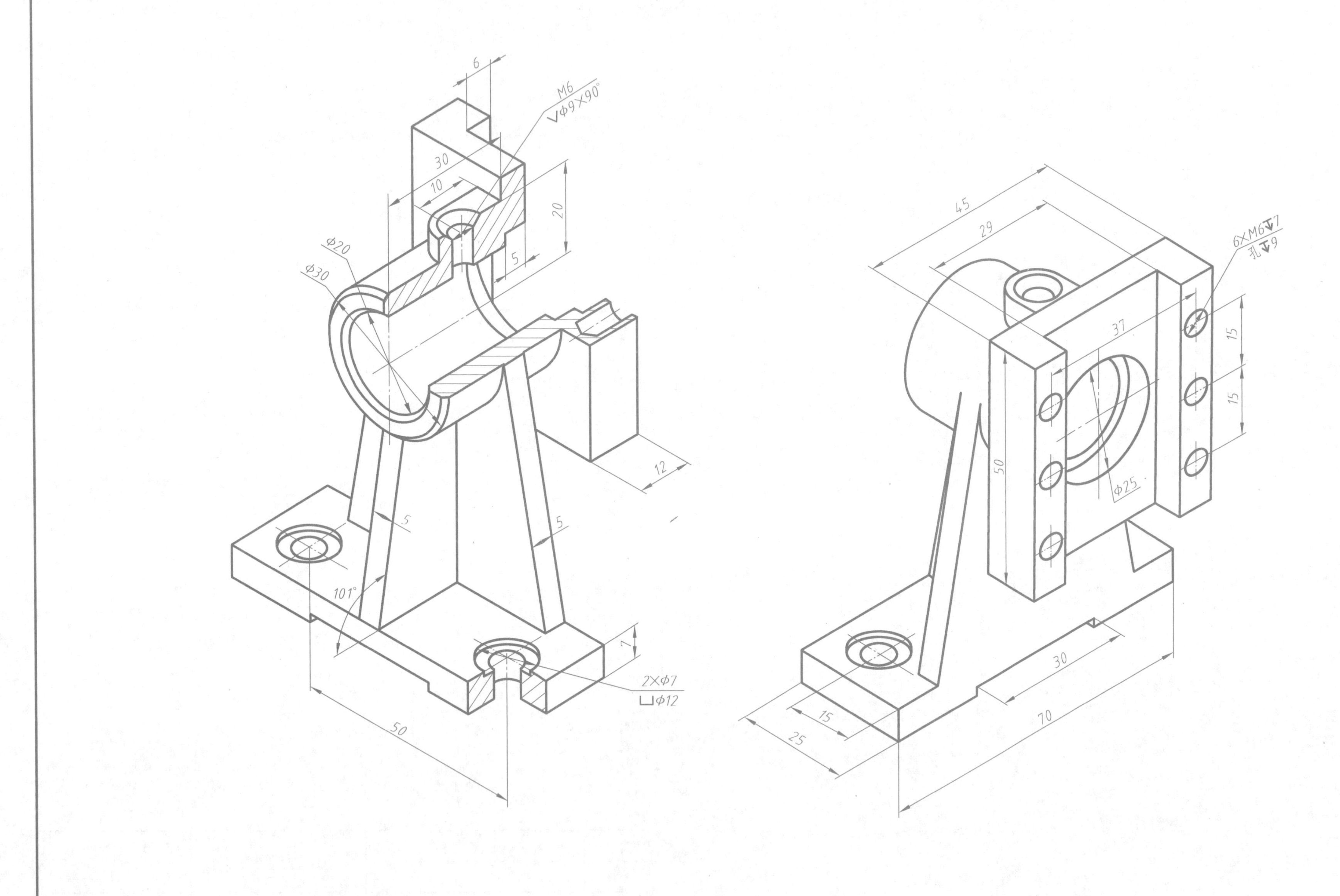

5-7　完成支架类零件视图选择及尺寸标注。（续）

（2）在本页的空白处绘制（1）中支架的零件图，选择合适的比例并正确标注尺寸。

制图	(姓名)	(日期)	支架		图号	
审核	(姓名)	(日期)				
校名		班级/学号	(材料)	件	比例	

5-8　完成箱体类零件视图选择及尺寸标注。

（1）阅读如下箱体零件的三维模型和尺寸，选择零件图的主视图投射方向并标注在图中。图中未注圆角 *R*2，肋板厚度为 8mm，孔均为通孔。

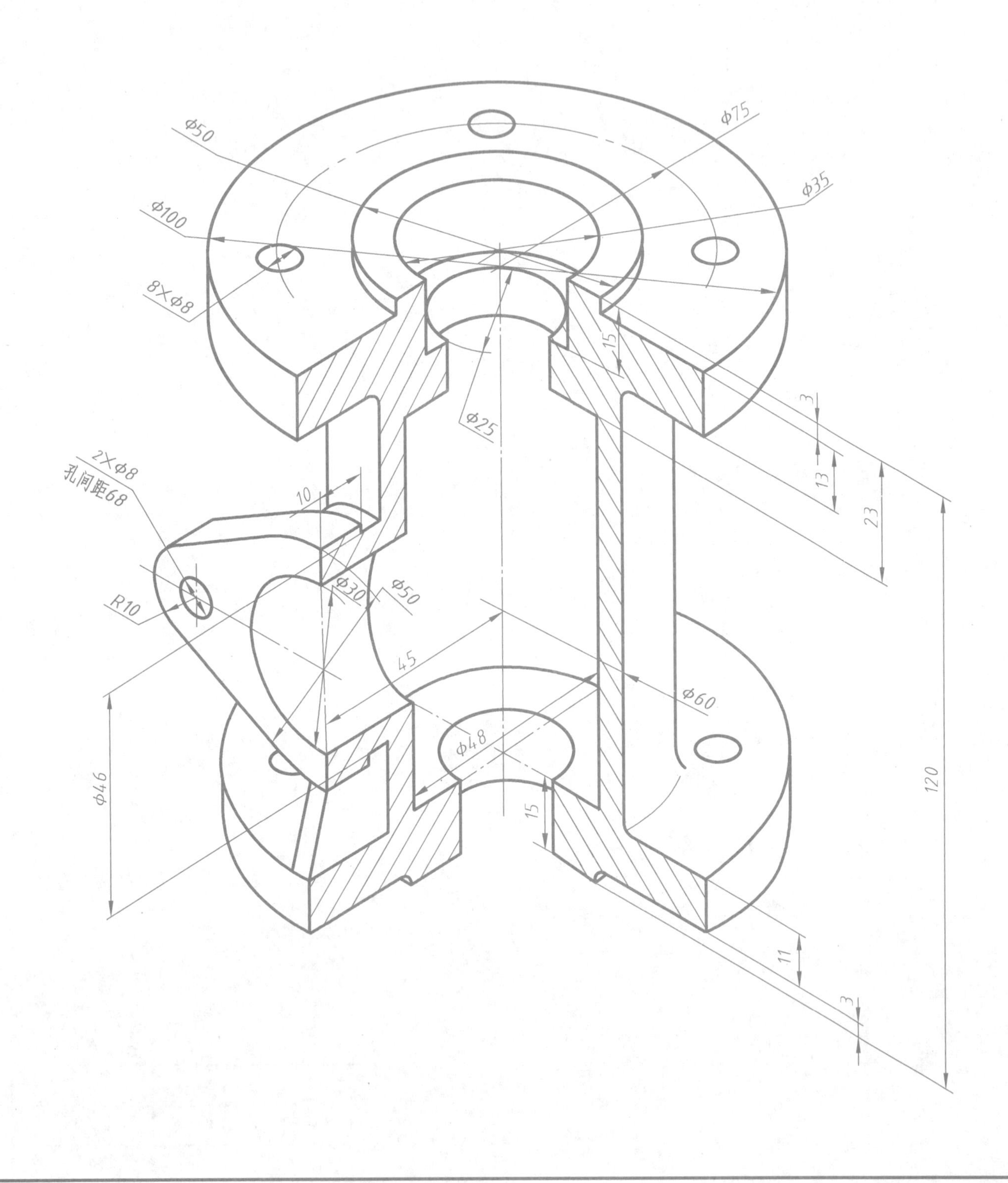

5-8　完成箱体类零件视图选择及尺寸标注。（续）

（2）在本页的空白处绘制（1）中箱体的零件图，选择合适的比例并正确标注尺寸。

制图	(姓名)	(日期)	箱体	图号	
审核	(姓名)	(日期)			
校名	班级/学号		(材料)	件	比例

5-9 将零件各表面的表面结构代号正确标注在图样上。

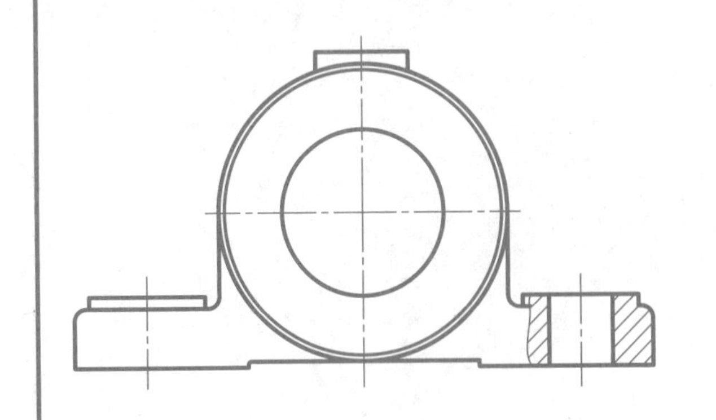

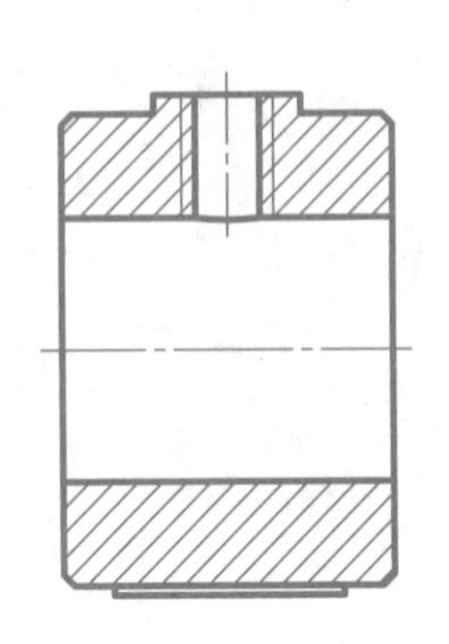

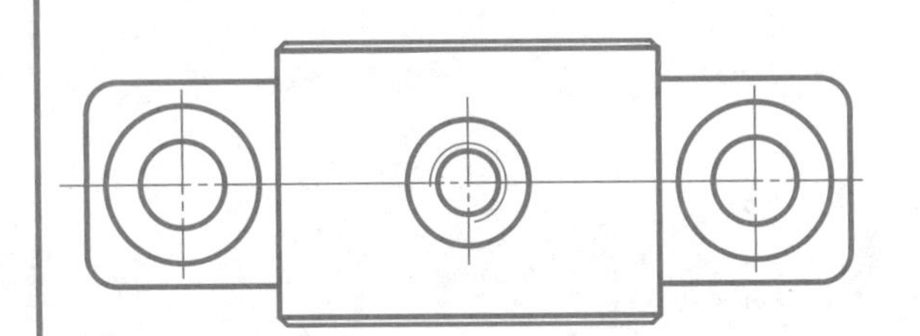

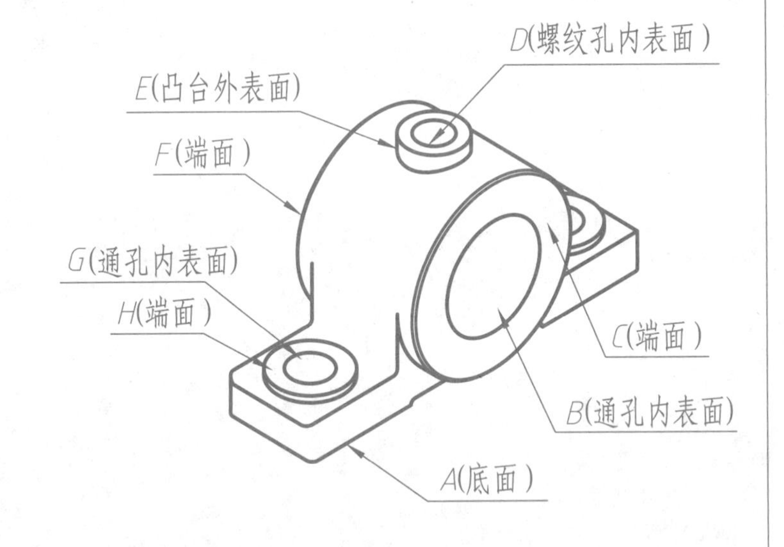

表面	A、D、E、H	B	C、F、G	其余
表面结构要求	√Ra 6.3	√Ra 3.2	√Ra 12.5	√Ra 50

5-10 解释图样中几何公差的含义。

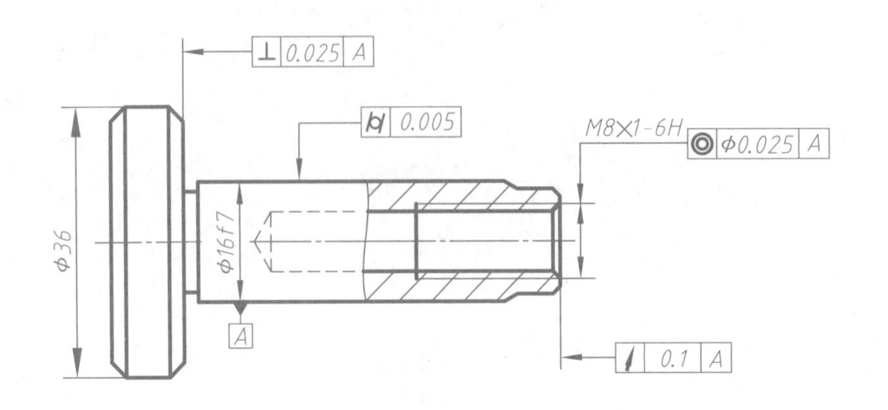

(1) ⌭ 0.005 表示：

(2) ◎ φ0.025 A 表示：

(3) ↗ 0.1 A 表示：

(4) ⊥ 0.025 A 表示：

5-11　已知轴的尺寸为ϕ30f7,孔的尺寸为ϕ30H8,并已知f7的基本偏差为-0.020mm，IT8=0.033mm，IT7=0.021mm。

（1）解释尺寸ϕ30f7和ϕ30H8的含义：

ϕ30表示______________，f表示______________，H表示______________，7、8表示______________。

（2）在下面的零件图中标注它们的公称尺寸及上、下极限偏差数值。

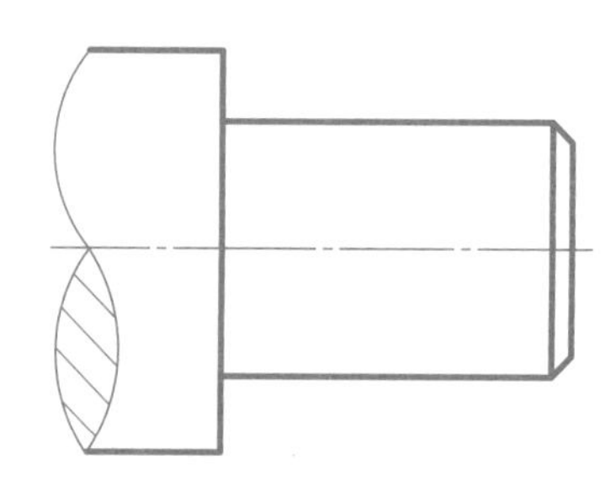

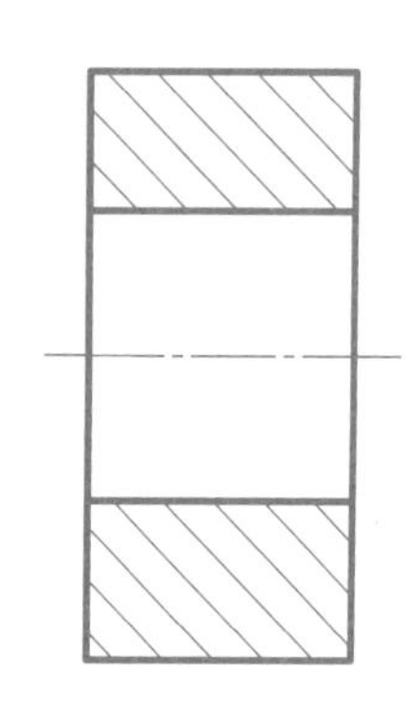

（3）画出ϕ30f7轴和ϕ30H8孔的公差带示意图。

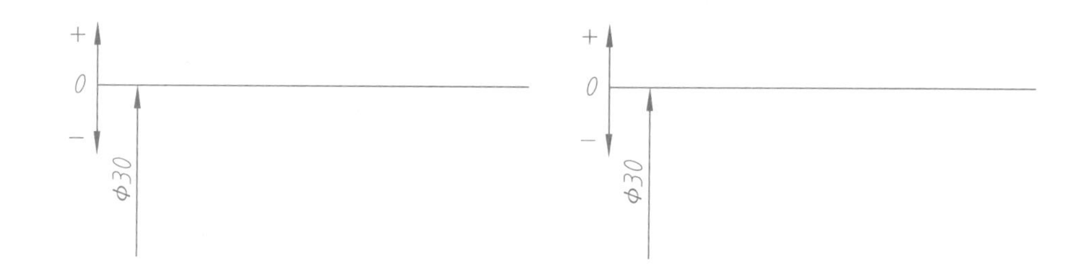

5-12　已知下列三个零件的两组公差带示意图，在零件图中的相应位置上注出ϕ16H7、ϕ16f6、ϕ26H7和ϕ26n6所对应的偏差数值。

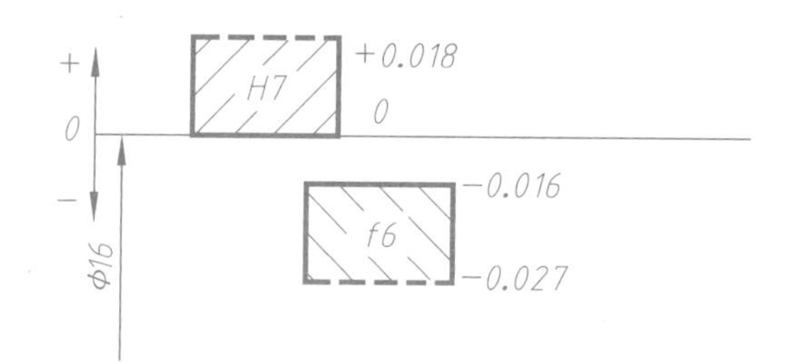

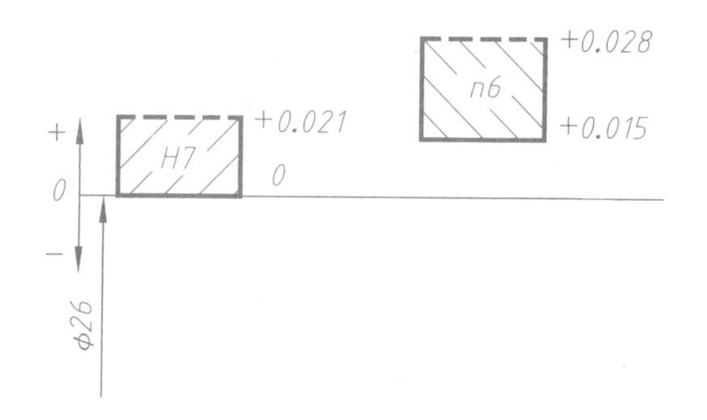

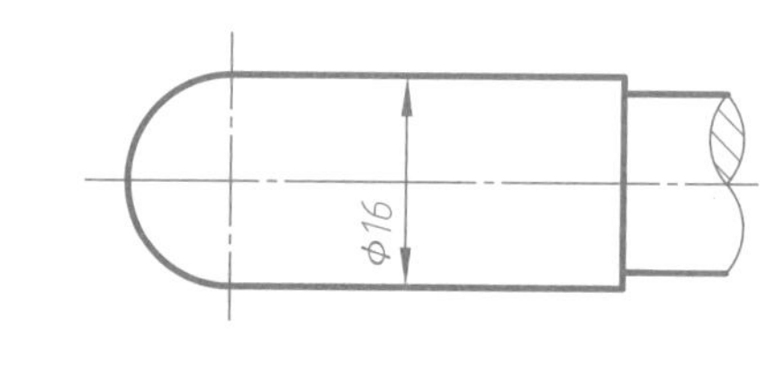

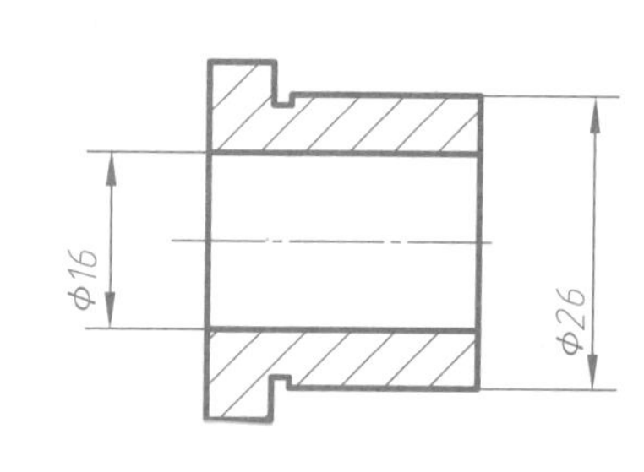

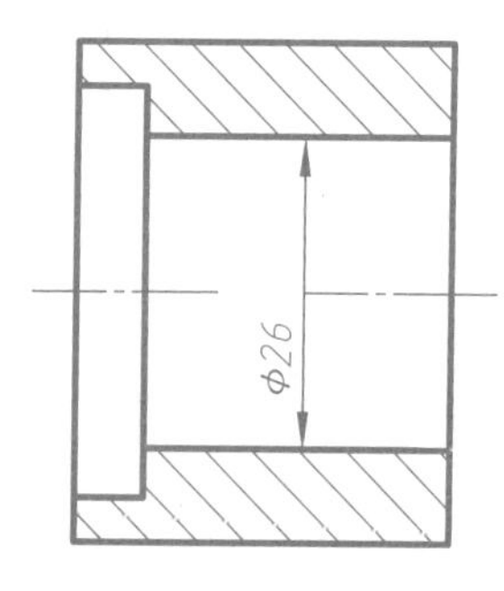

5-13　读手柄零件图，在指定位置处画出 *A—A* 断面图并回答下列问题。

（1）该零件的主视图为____剖视图，也可采用____剖视图。

（2）该零件的内、外部结构主要是________体，故设计基准是指____向和____向的主要基准。

（3）ϕ4H7（$^{+0.012}_{0}$）的含义是____。

（4）右端面几何公差框格的含义是________________________________。

（5）图中共有____种表面粗糙度要求，*Ra*3.2 的表面由__________方法获得。

（6）零件的材料是__________________________。

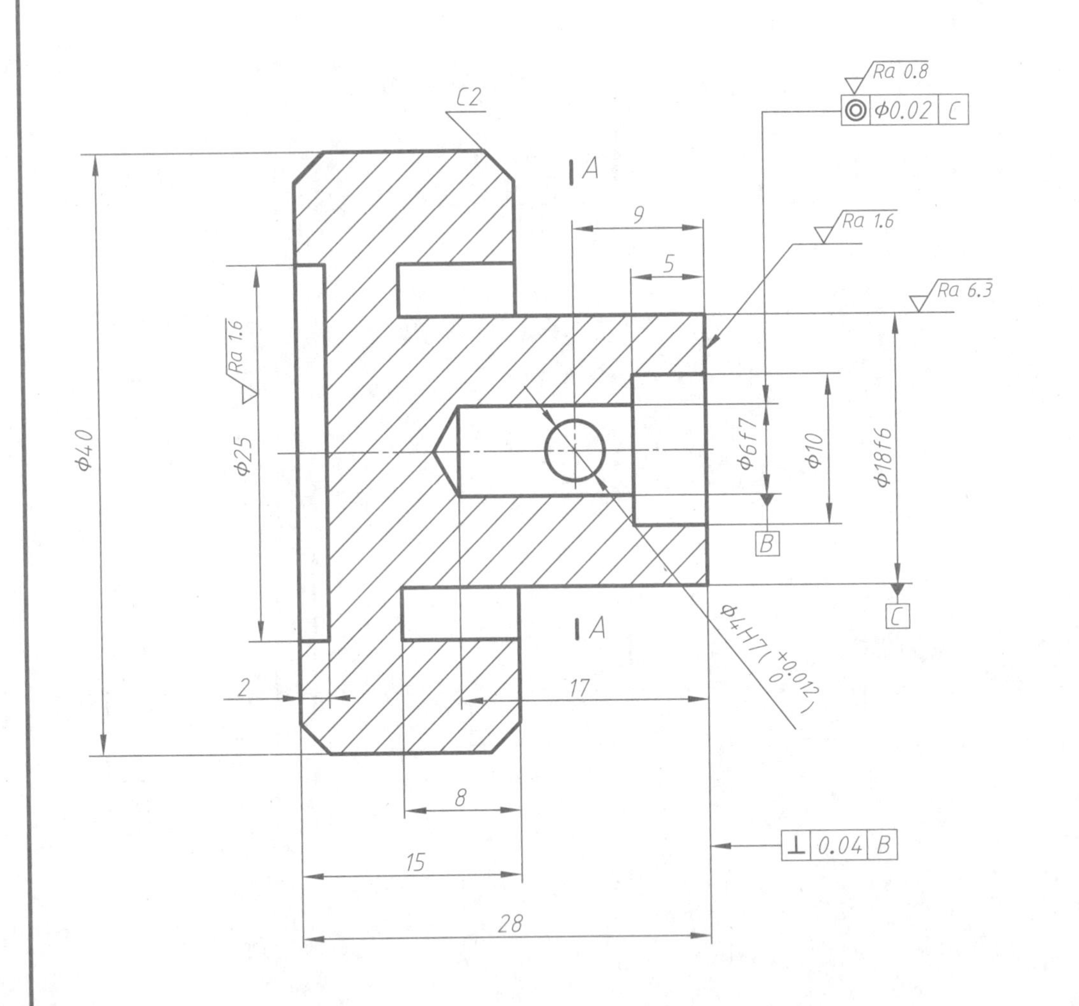

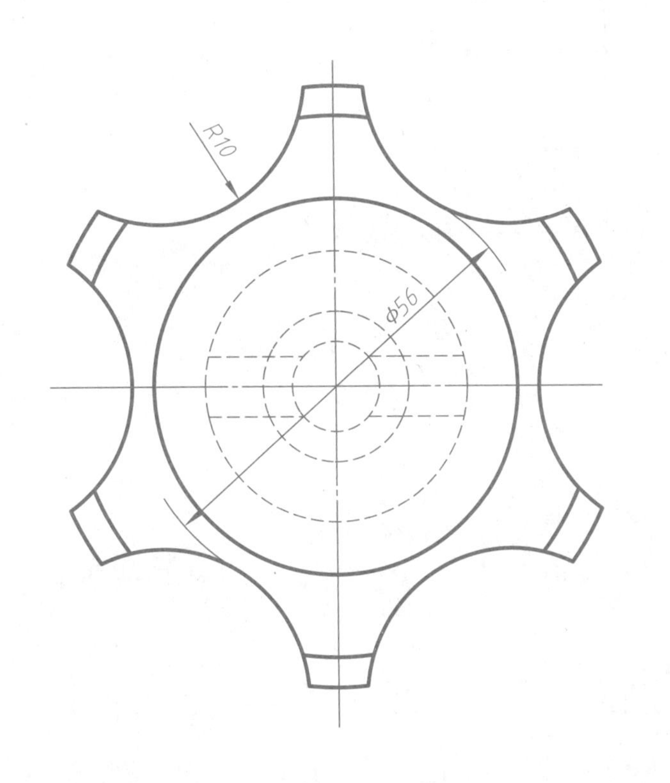

Ra 3.2 (√)

制图	(姓名)	(日期)	手柄		图号	
审核	(姓名)	(日期)				
校名		班级/学号	Q235	件	比例	2:1

5-14　读托架零件图，在指定位置处按原图比例绘制 *D* 向视图（细虚线不画）并回答问题。

（1）该零件的名称是________，采用了____个图形表达，其中主视图采用了________的图形画法，*B*—*B* 视图属于________的图形画法。

（2）该零件的 *A* 向视图尺寸 2×M10-7H 中，M 表示________，2 表示________，7 表示________，H 表示________。

（3）该零件的表面粗糙度要求有____种，其中表面质量要求最高的表面粗糙度 *Ra* 值为____μm。

（4）孔 $\phi44^{+0.062}_{0}$ 的上极限尺寸为______________，其几何公差含义为______________________________。

（5）该零件长、宽、高三个方向的尺寸基准分别是______________________________。

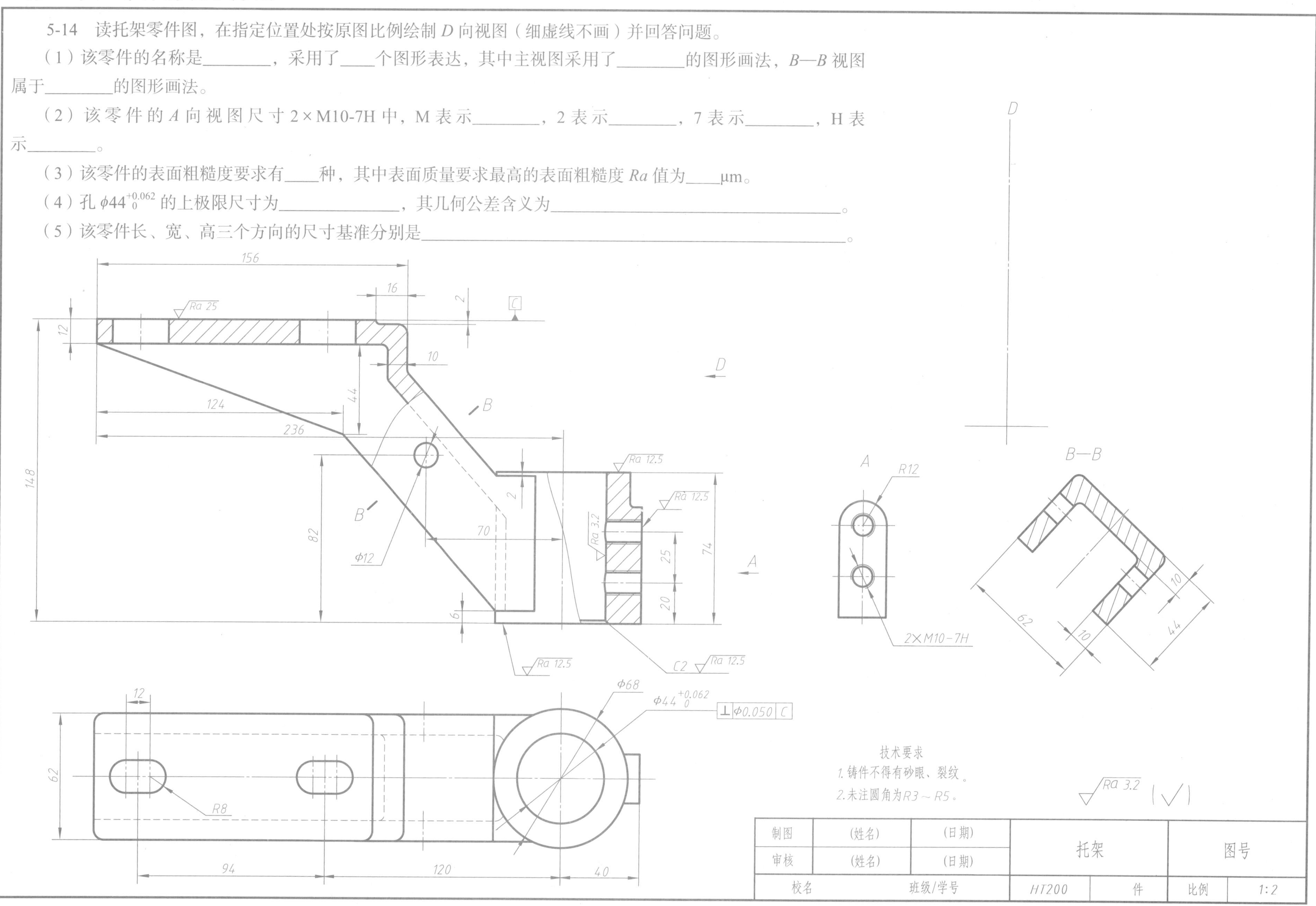

6-1　根据组成滑动轴承各零件的零件图（参见第 61 页）创建零件；按立体图或爆炸图所示的装配关系创建装配体，并回答问题。

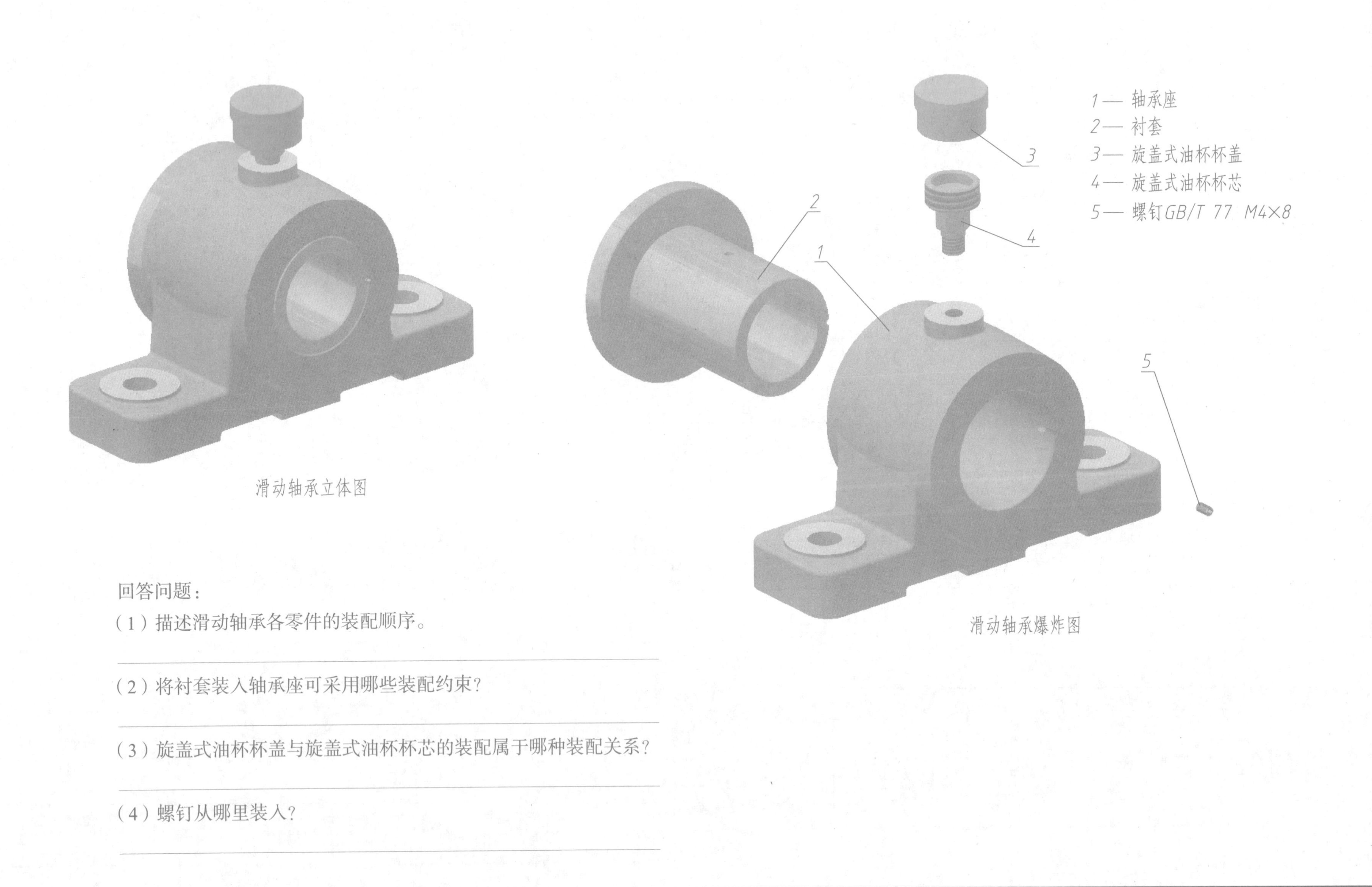

滑动轴承立体图

滑动轴承爆炸图

回答问题：

（1）描述滑动轴承各零件的装配顺序。

（2）将衬套装入轴承座可采用哪些装配约束？

（3）旋盖式油杯杯盖与旋盖式油杯杯芯的装配属于哪种装配关系？

（4）螺钉从哪里装入？

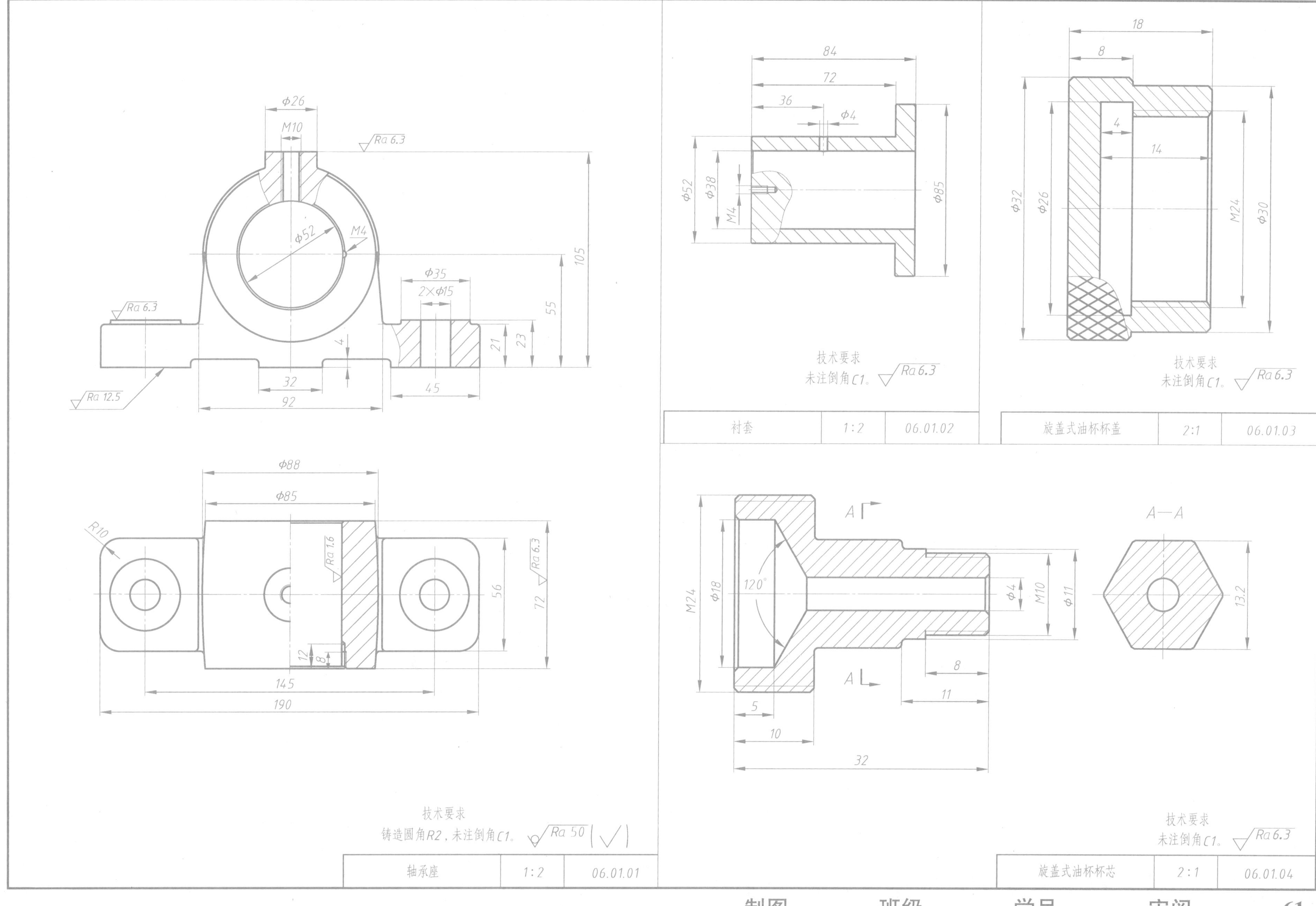
技术要求
铸造圆角R2，未注倒角C1。
轴承座 | 1:2 | 06.01.01
技术要求
未注倒角C1。
衬套 | 1:2 | 06.01.02
技术要求
未注倒角C1。
旋盖式油杯杯盖 | 2:1 | 06.01.03
A—A
技术要求
未注倒角C1。
旋盖式油杯杯芯 | 2:1 | 06.01.04

6-2　根据题 6-9 中减压阀的零件图创建零件三维模型，按如下爆炸图所示的装配关系创建装配体三维模型。

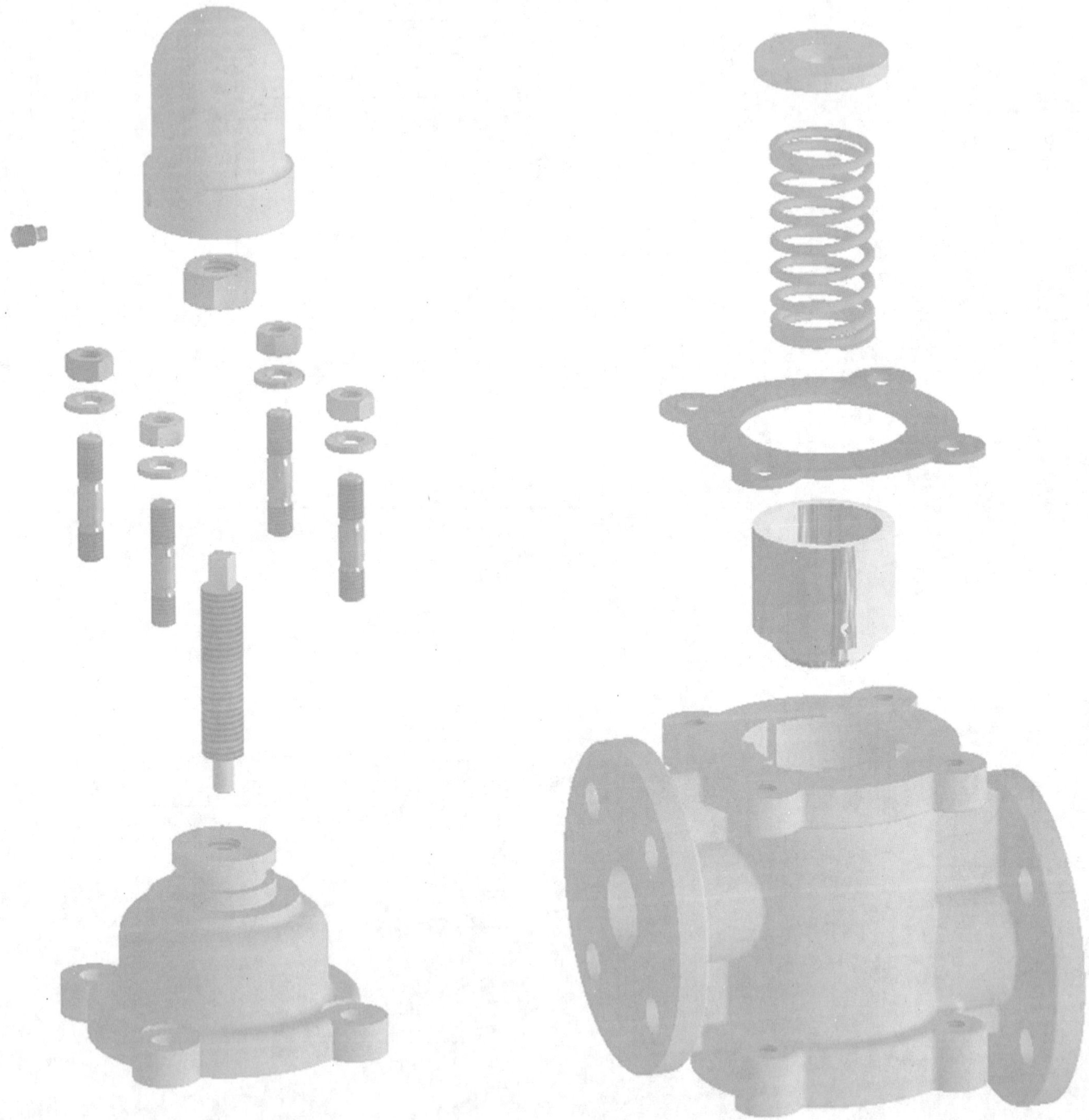

减压阀爆炸图

制图　　班级　　学号　　审阅

6-3　按要求完成下列关于配合尺寸的题目。

（1）已知某部件中标注的两处配合尺寸，解释 ϕ15F8/h7 的含义：ϕ15 表示__________________，此配合是__________制________配合，F 表示__________________，7、8 表示__________________________。

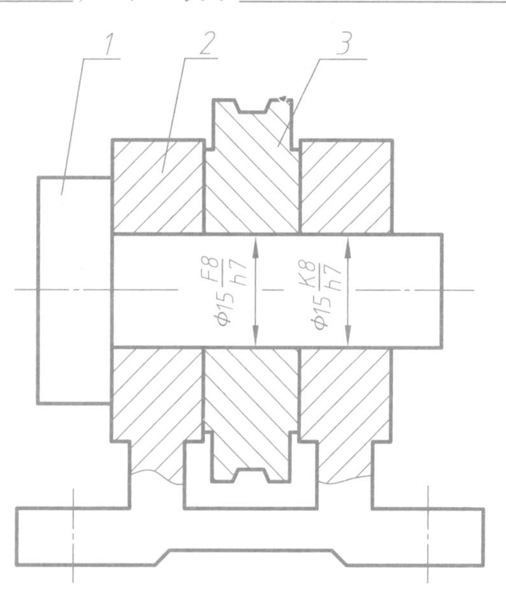

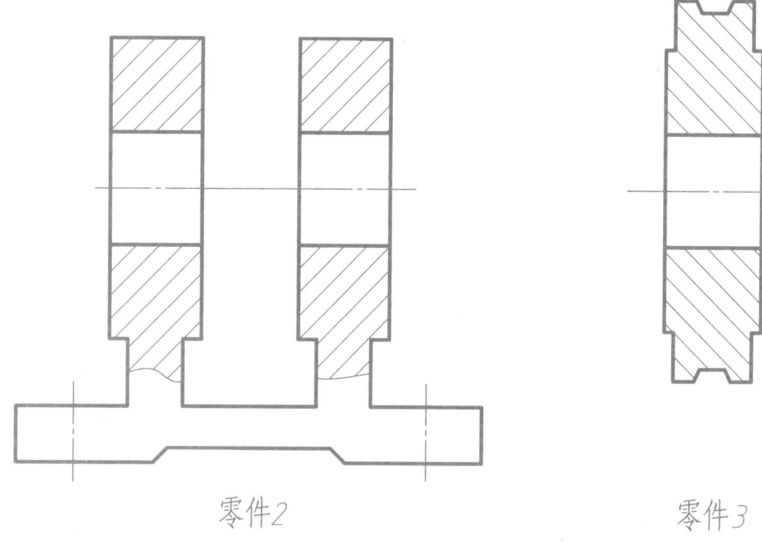

零件2　　零件3

（2）根据（1）中装配图所注配合尺寸，分别标注出零件 1～零件 3 的公称尺寸和极限偏差。

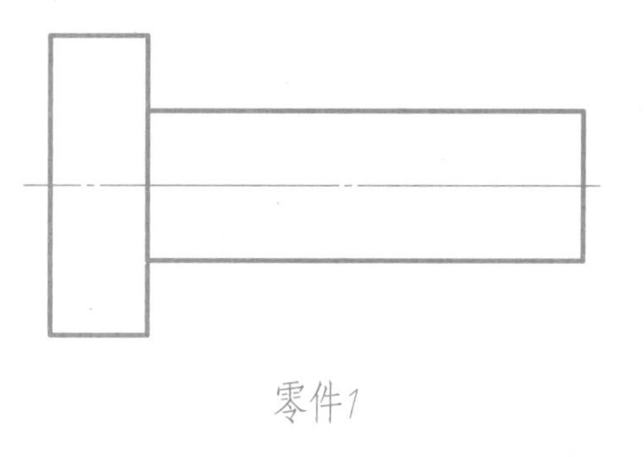

零件1

（3）已知孔和轴的配合尺寸为 ϕ38H7/g6，则

孔的上极限尺寸 =________________

孔的下极限尺寸 =________________

轴的上极限尺寸 =________________

轴的下极限尺寸 =________________

（4）画出配合尺寸为 ϕ38H7/g6 的孔和轴的公差带示意图。

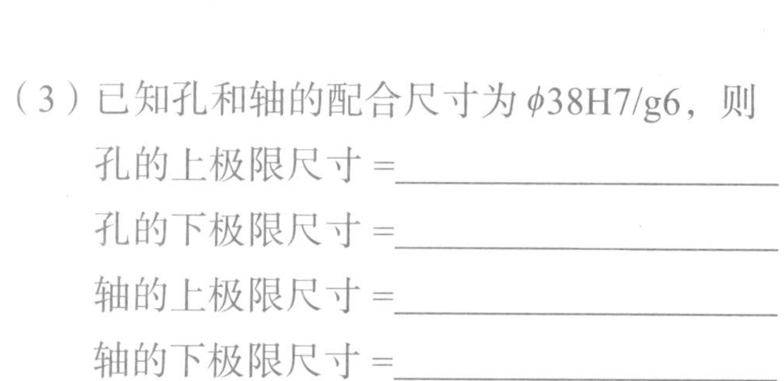

6-4 分析下列螺纹连接画法中的错误，在指定位置处采用比例画法画出正确的视图，并在视图下方写出紧固件的标记。视图绘制和标记所需尺寸均按 1:1 的比例从图中直接量取并取整数。（注：被连接件的材料均为钢）

（1）

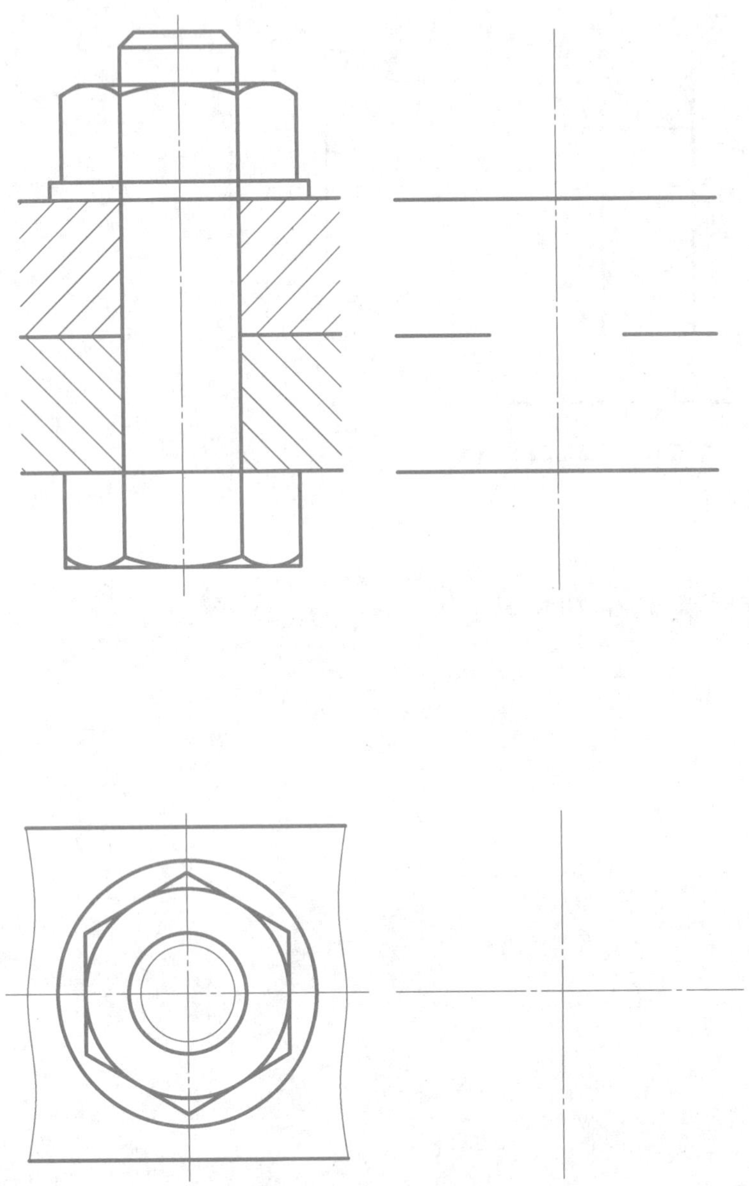

（2）

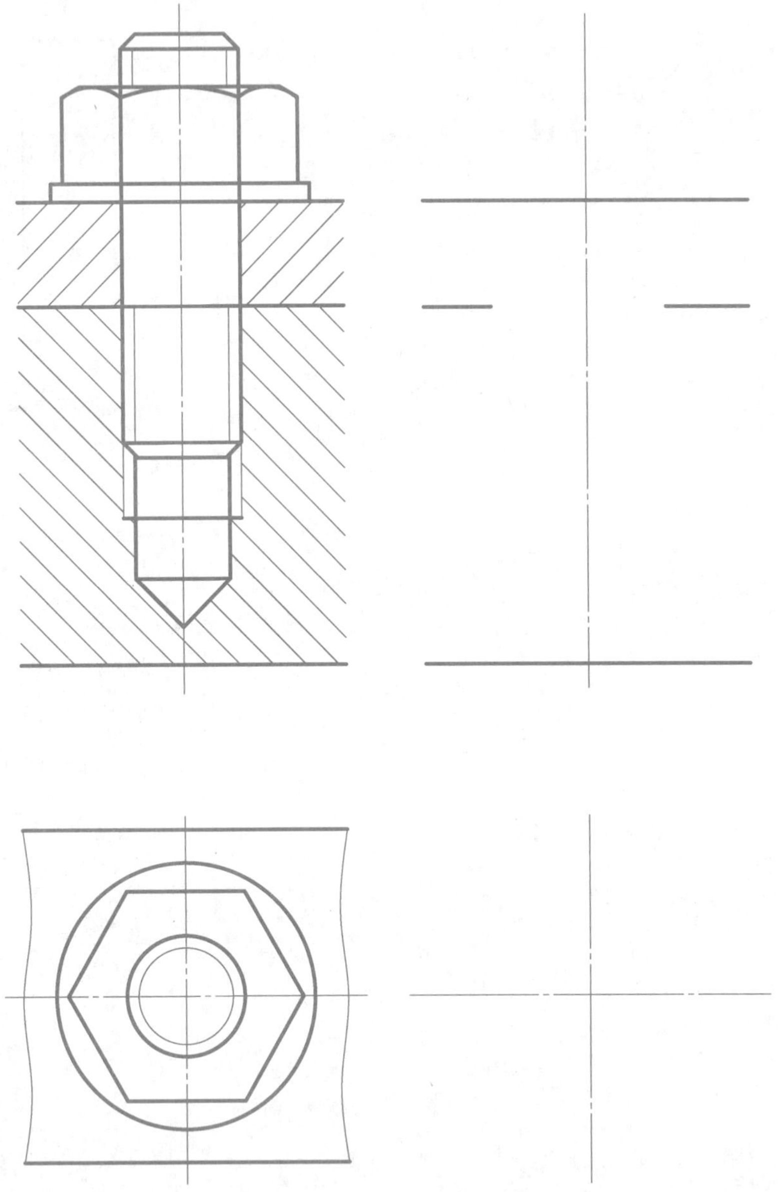

（3）

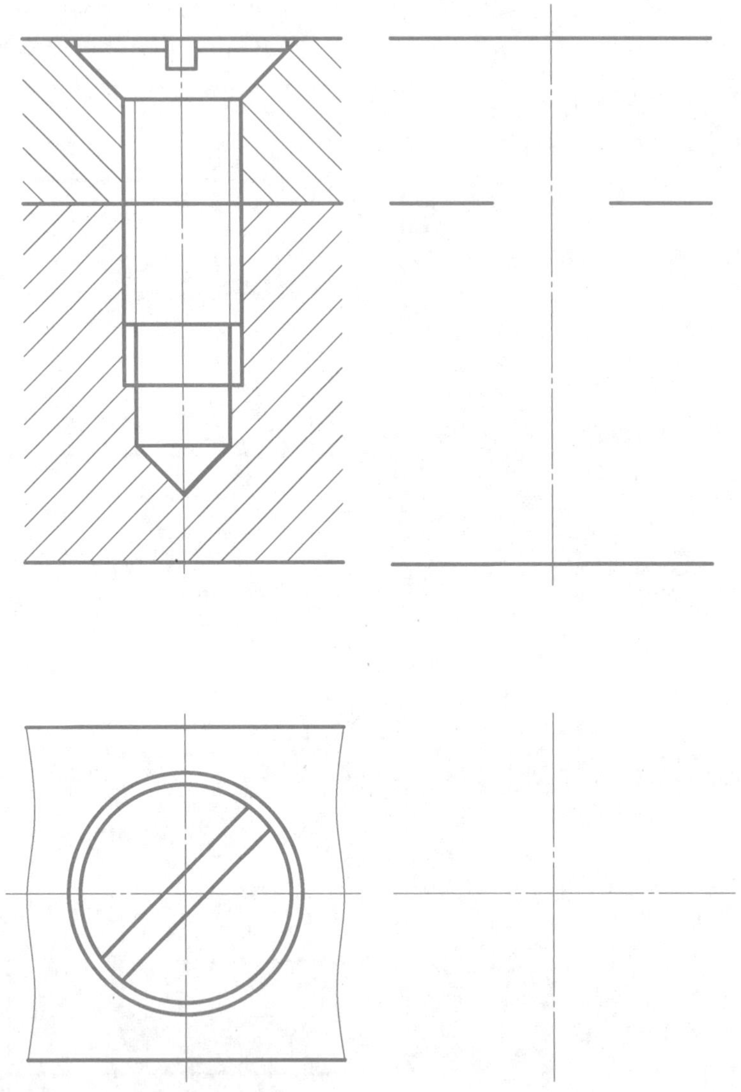

螺栓 GB/T________

螺母 GB/T________

垫圈 GB/T________

螺柱 GB/T________

螺母 GB/T________

垫圈 GB/T________

螺钉 GB/T________

 制图 班级 学号 审阅

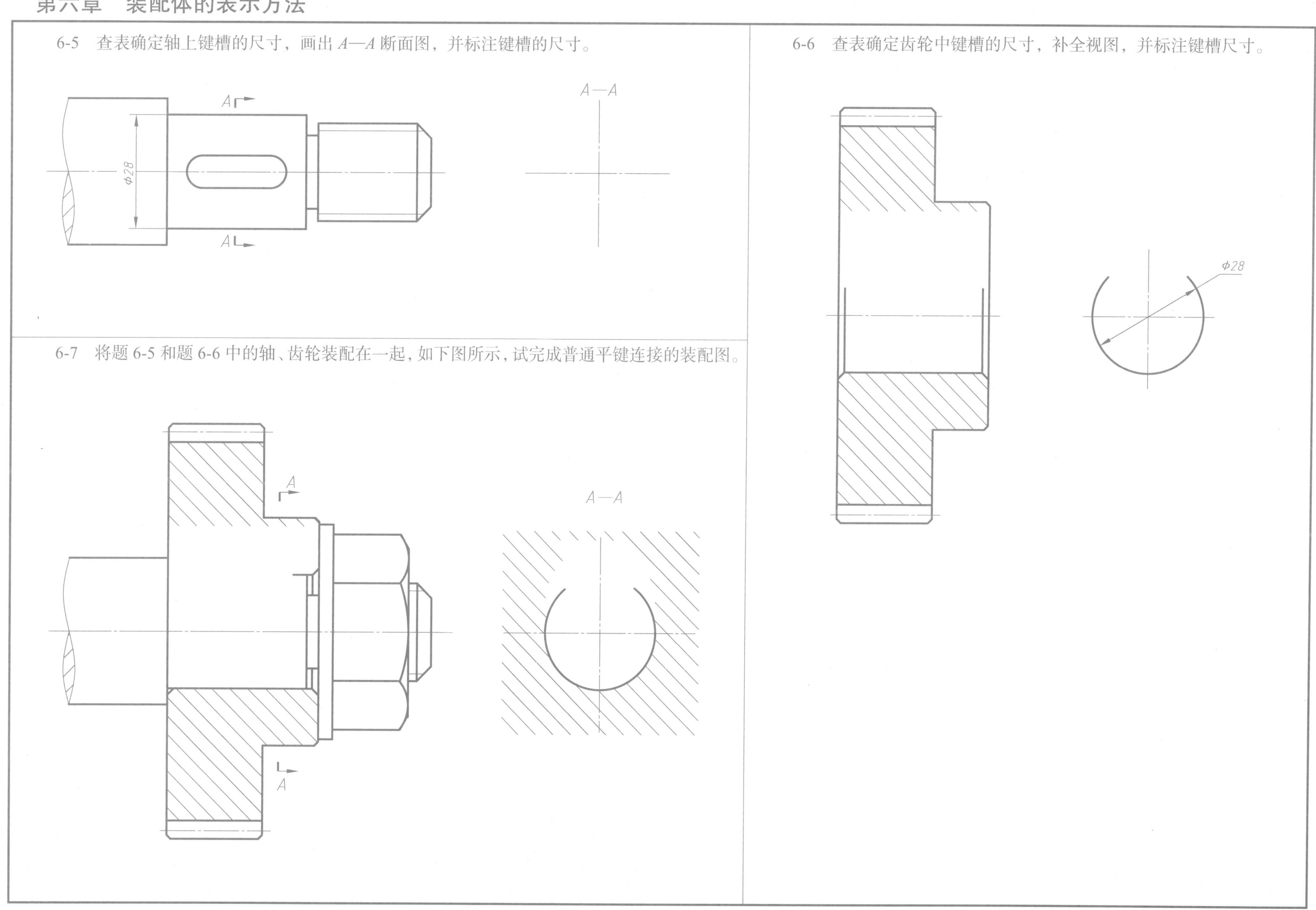
6-5　查表确定轴上键槽的尺寸，画出 A—A 断面图，并标注键槽的尺寸。
A
A
ϕ28
A—A
6-6　查表确定齿轮中键槽的尺寸，补全视图，并标注键槽尺寸。
ϕ28
6-7　将题 6-5 和题 6-6 中的轴、齿轮装配在一起，如下图所示，试完成普通平键连接的装配图。
A
A
A—A

6-8　根据千斤顶装配示意图和零件图，绘制千斤顶装配图，图纸幅面和比例自选，图号为“06.03.00”。

千斤顶工作原理：千斤顶是顶起重物的部件。使用时，推动铰杠 3，可使起重螺杆 2 沿逆时针方向转动并向上移动，进而顶起重物。

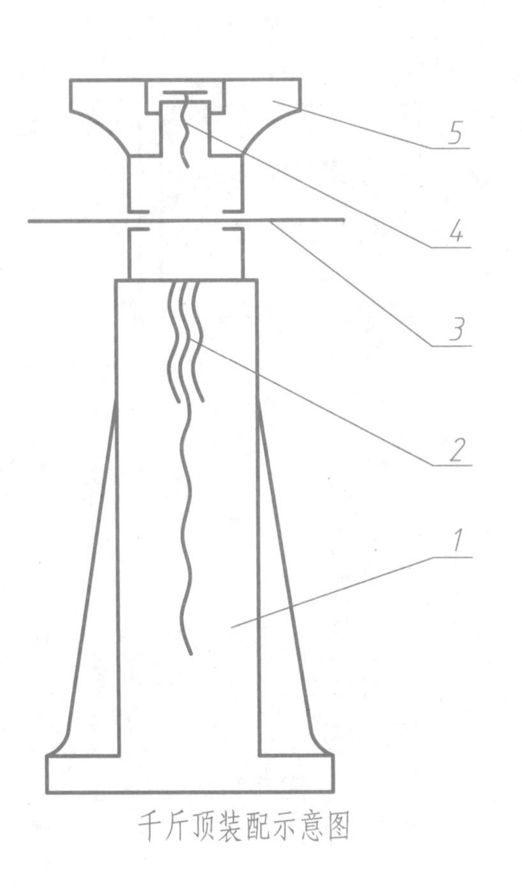

千斤顶装配示意图

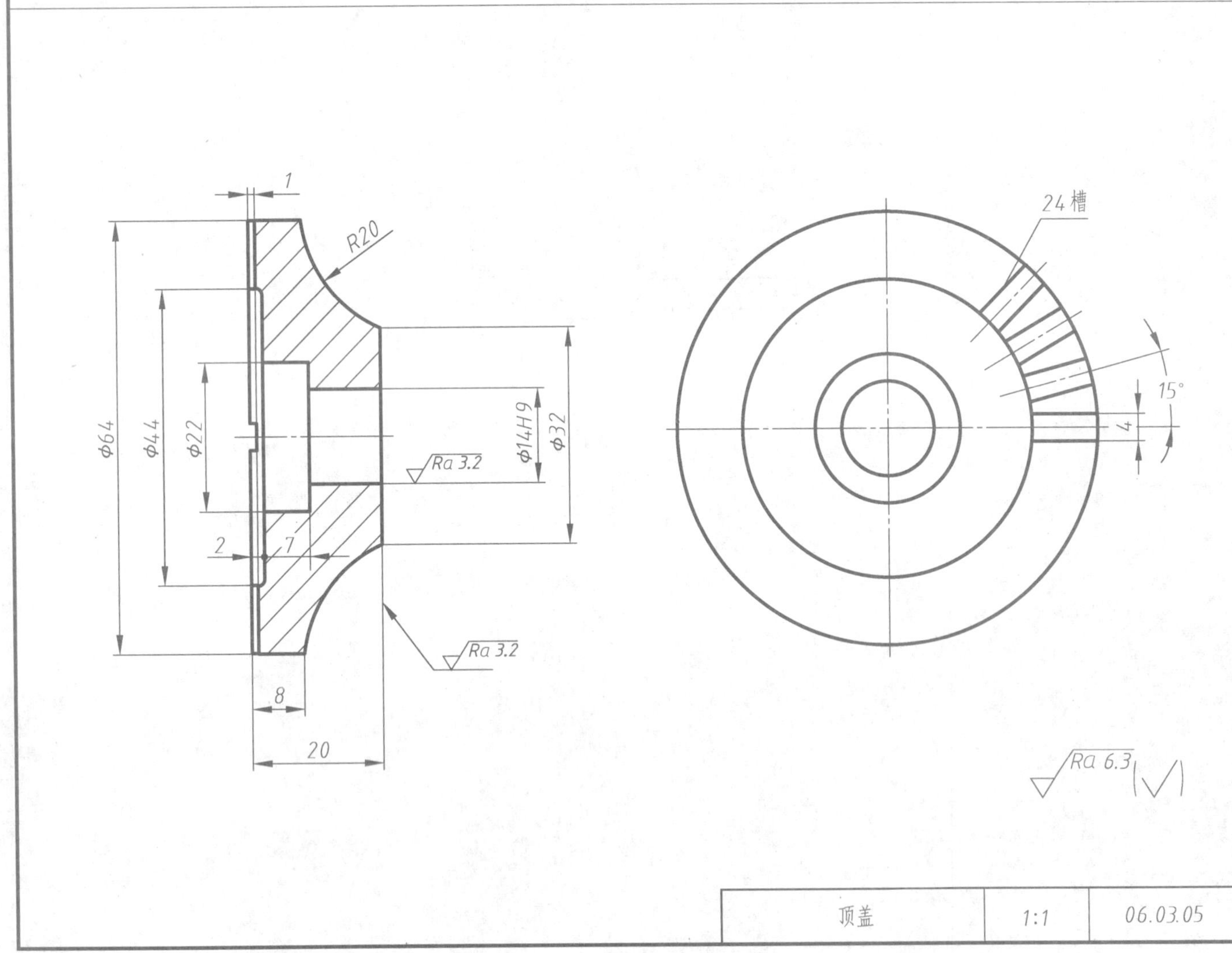

5	06.03.05	顶盖	1	45	
4	06.03.04	螺钉	1	30	
3	06.03.03	铰杠	1	45	
2	06.03.02	起重螺杆	1	45	
1	06.03.01	底座	1	HT300	
序号	代号	名称	数量	材料	备注
制图	(姓名)	(日期)	千斤顶	图号	
审核	(姓名)	(日期)			
校名	班级/学号		共　张	第　张	比例

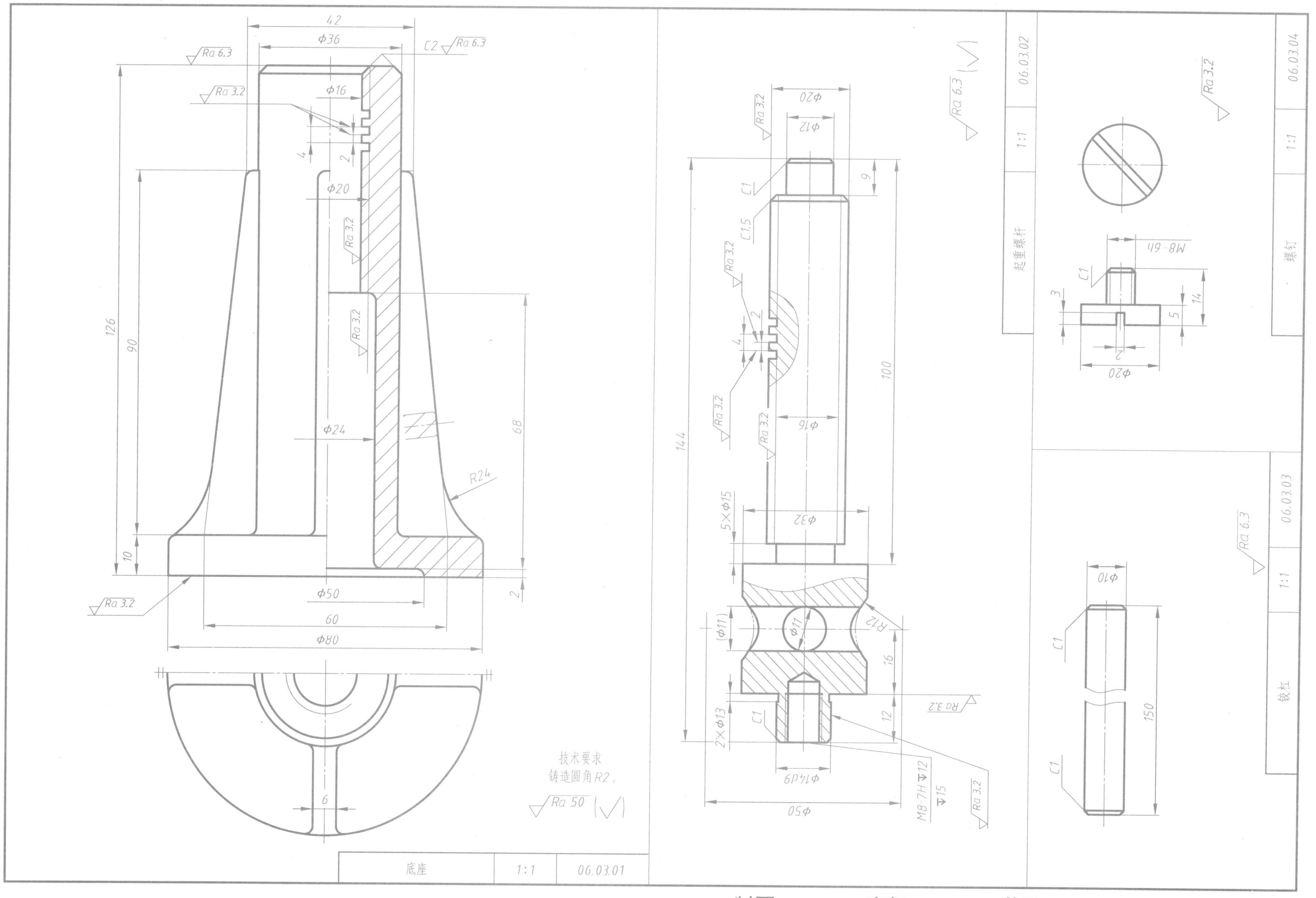
42
ϕ36
C2
Ra 6.3
Ra 3.2
ϕ16
ϕ20
ϕ24
126
90
10
68
2
R24
ϕ50
60
ϕ80
6
技术要求
铸造圆角R2。
Ra 50
底座
1:1
06.03.01
ϕ20
ϕ12
C1
C1.5
9
100
144
ϕ16
ϕ32
5×ϕ15
(ϕ11)
ϕ11
R12
16
12
2×ϕ13
ϕ14d9
M8-7H▼12
▼15
ϕ50
起重螺杆
06.03.02
M8-6h
14
5
3
ϕ20
螺钉
06.03.04
ϕ10
150
铰杠
06.03.03

6-9　根据减压阀的轴测图剖视图和零件图，绘制减压阀装配图，图纸幅面和比例自选，图号为“06.04.00”。

减压阀工作原理：减压阀是一种装在油路上的安全装置。在正常情况下，阀芯 2 靠弹簧 4 的压力处于关闭位置，此时油液可从阀体 1 右端孔流入，经阀体 1 下方的孔流出。当主油路的油液过量且超过允许压力时，阀芯 2 即被顶开，过量的油液就沿阀体 1 左端孔流出（溢流），经导管流回油箱，以保证油路的安全可靠。弹簧压力大小可通过螺杆 6 来调节。

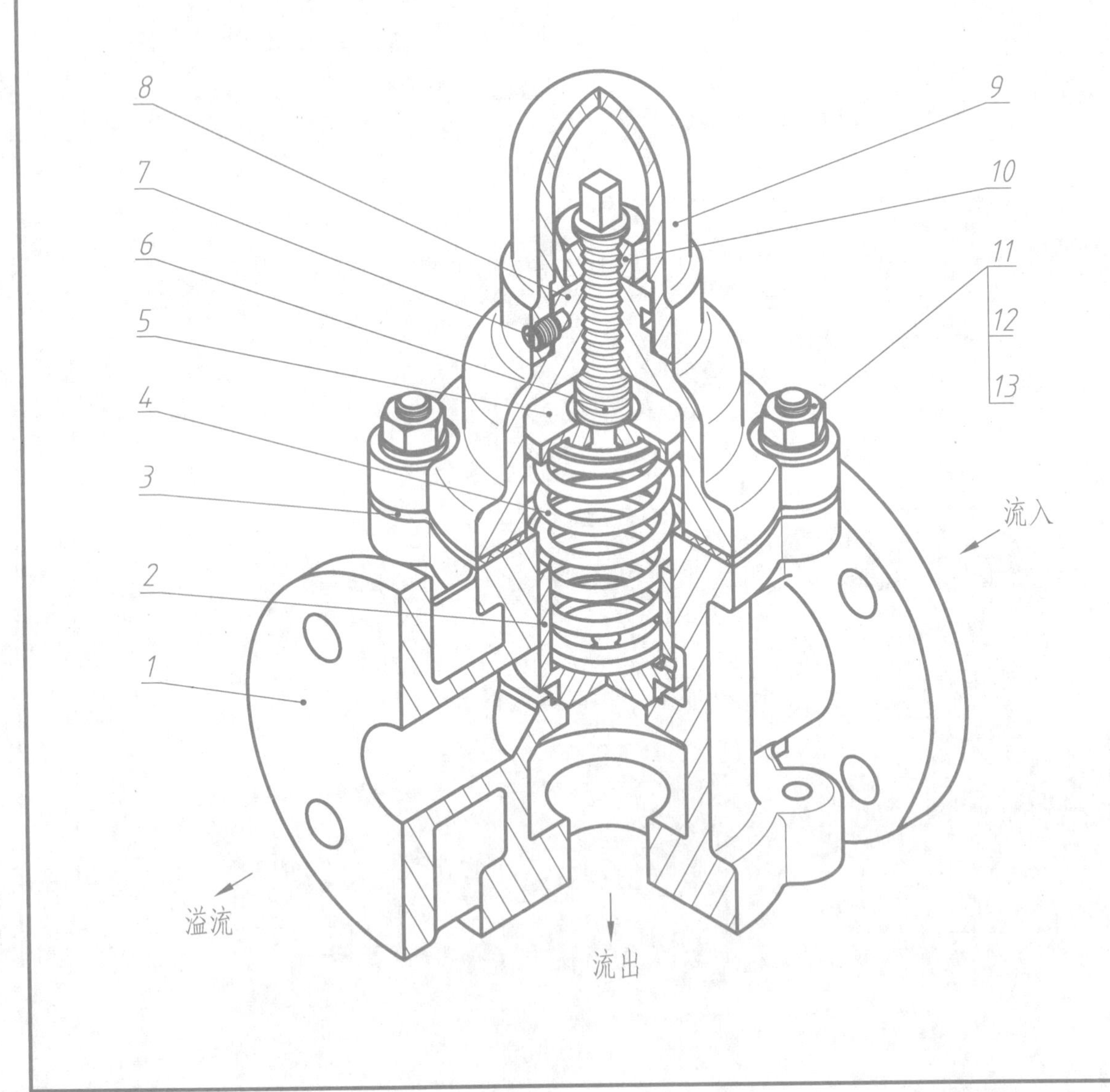

13	GB/T 899	螺柱	1	35	M6×20
12	GB/T 97.1	垫圈	1	65Mn	6
11	GB/T 6170	螺母	1	35	M6
10	GB/T 6170	螺母	1	35	M10
9	06.04.09	阀帽	1	ZL102	
8	06.04.08	阀盖	1	ZL102	
7	GB/T 75	螺钉	1	35	M5×8
6	06.04.06	螺杆	1	35	
5	06.04.05	弹簧托盘	1	ZL401	
4	GB/T 2089	弹簧	1	65Mn	YA2.5×22.5×50.5
3	06.04.03	垫片	1	3002	
2	06.04.02	阀芯	1	ZL401	
1	06.04.01	阀体	1	ZL102	
序号	代号	名称	数量	材料	备注

制图	（姓名）	（日期）	减压阀		图号
审核	（姓名）	（日期）			
校名	班级/学号		共　张	第　张	比例

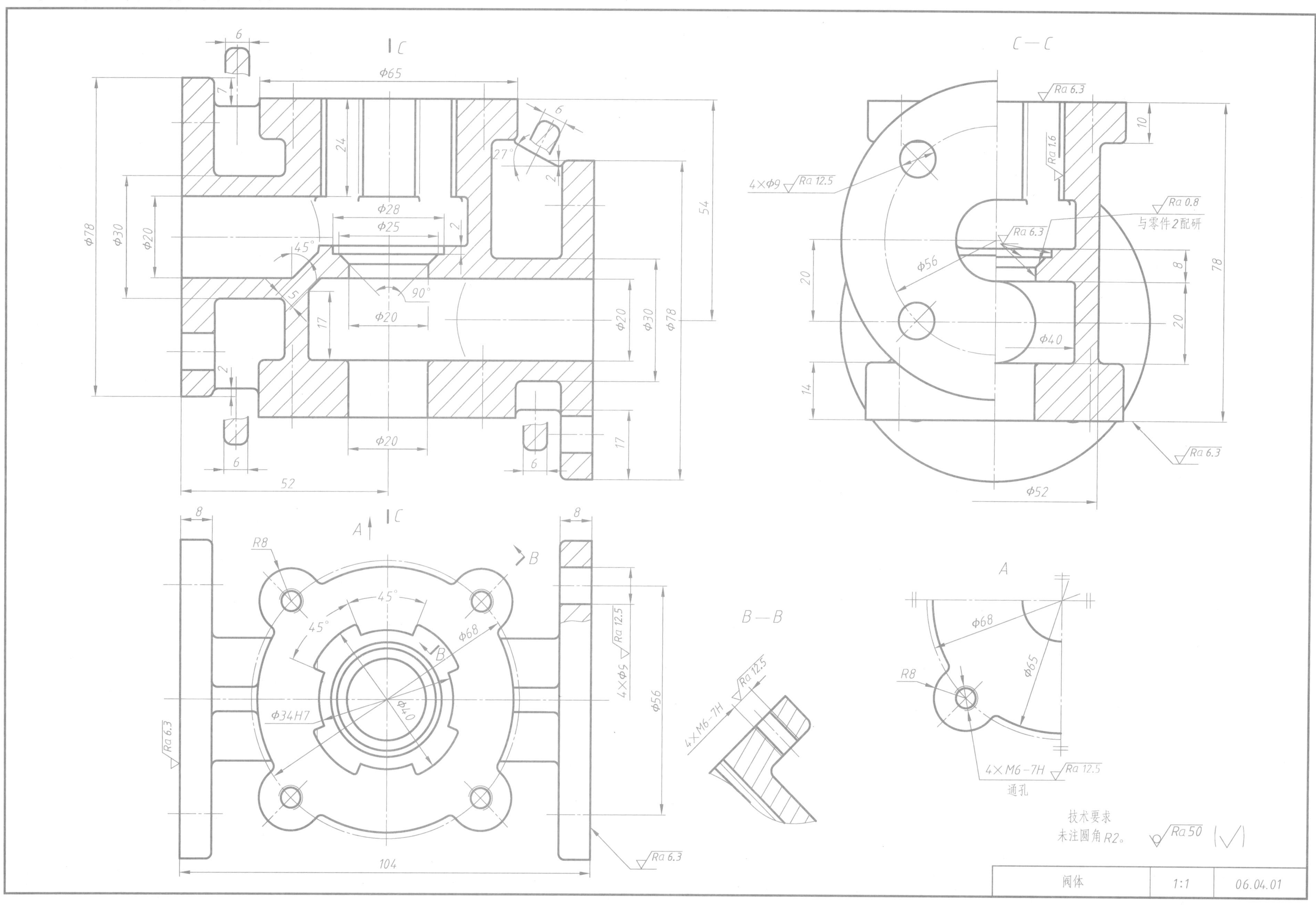
C—C
B—B
A
4×Φ9 Ra 12.5
Ra 0.8
与零件2配研
4×M6-7H Ra 12.5
通孔
技术要求
未注圆角R2。
Ra 50 (√)
阀体
1:1
06.04.01

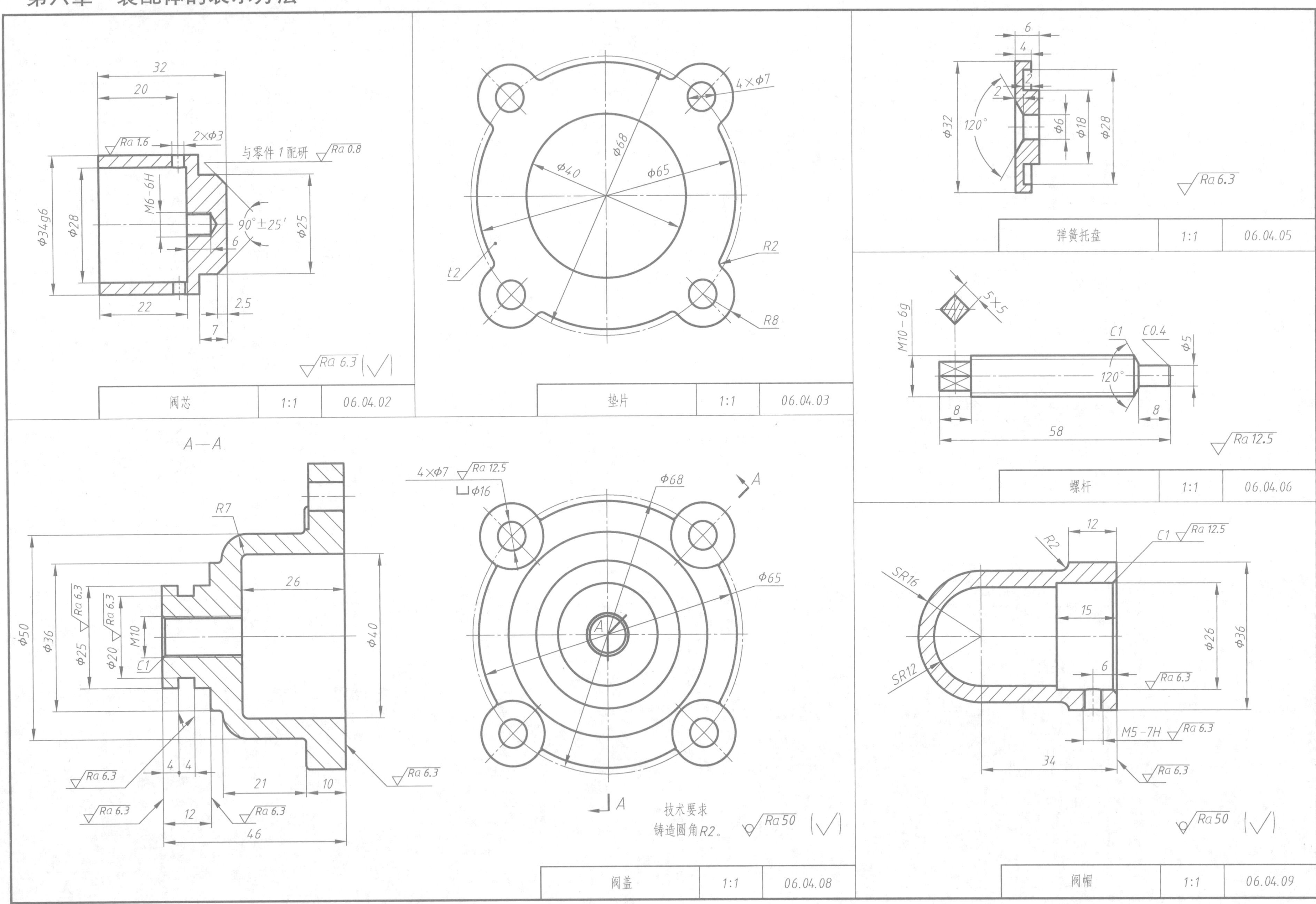
阀芯
1:1
06.04.02
垫片
1:1
06.04.03
弹簧托盘
1:1
06.04.05
螺杆
1:1
06.04.06
阀盖
1:1
06.04.08
阀帽
1:1
06.04.09
与零件1配研
A—A
技术要求
铸造圆角R2。

6-10　读懂 72 页球阀装配图，用软件先制作阀体接头 5、阀体 9 等零件的三维模型，然后生成它们的零件图。

球阀工作原理：球阀是控制管路中流体流量及管道开启和关闭的部件。用扳手（图中未画出）转动阀杆 11，带动球芯 4 旋转，使通路截面逐渐变小，当转到 90° 时，球阀通路完全关闭。阀杆 11 与阀体 9 之间有密封环 8、填料 7 和螺纹压环 10 加以密封，以防止泄漏。

11	06.05.11	阀杆	1	Q235A	
10	06.05.10	螺纹压环	1	25	
9	06.05.09	阀体	1	Q235A	
8	06.05.08	密封环	1	聚四氟乙烯	
7	06.05.07	填料	1	聚四氟乙烯	
6	06.05.06	垫片	1	聚四氟乙烯	
5	06.05.05	阀体接头	1	Q235A	
4	06.05.04	球芯	1	Q235A	
3	06.05.03	密封圈	2	聚四氟乙烯	
2	GB/T 897	螺柱	4		M10×20
1	GB/T 6170	螺母	4		M10
序号	代号	名称	数量	材料	备注

制图	(姓名)	(日期)	球阀		图号
审核	(姓名)	(日期)			
校名	班级/学号		共　张	第　张	比例 1:1

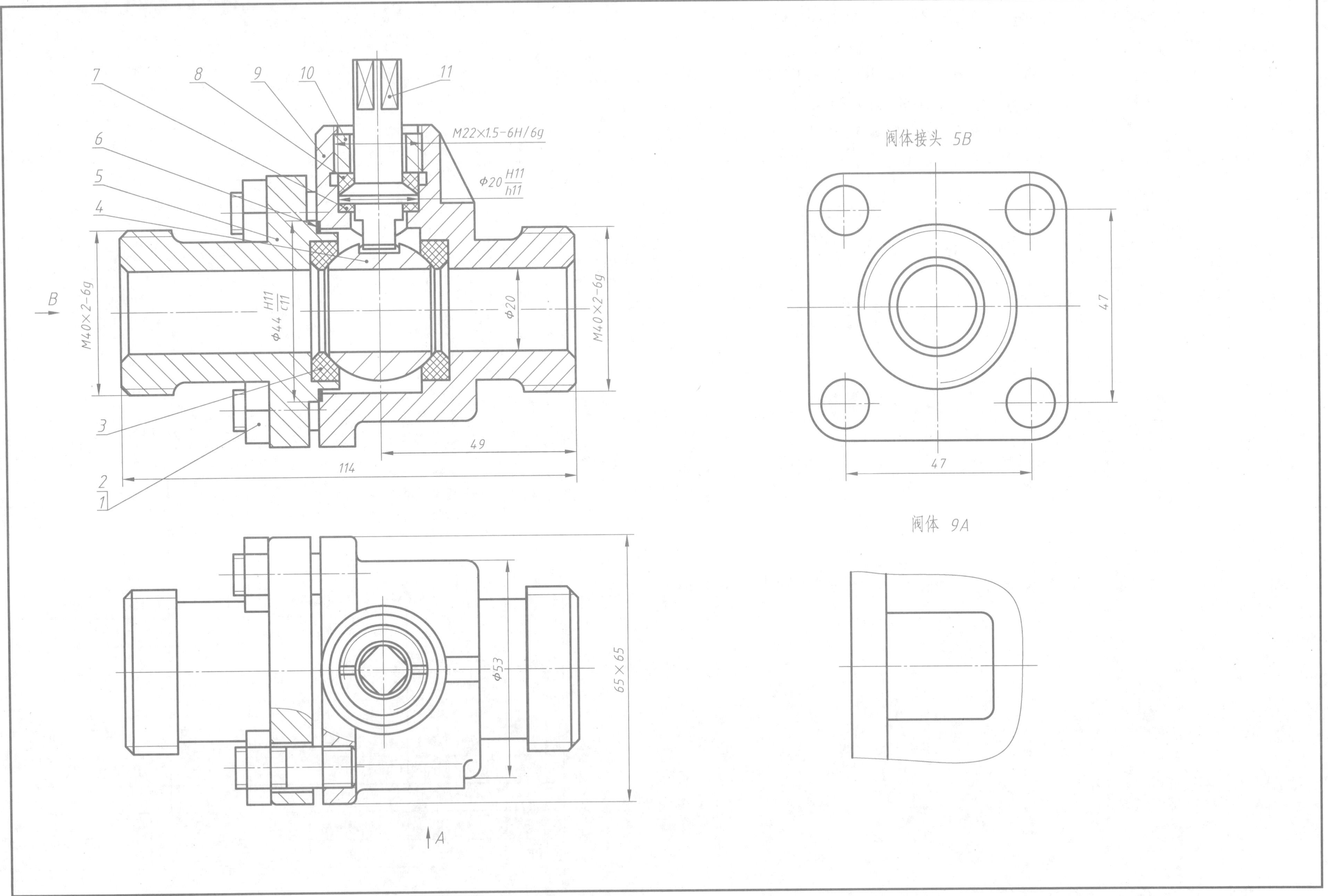

7
8
9
10
11
6
5
4
3
2
1
M22×1.5-6H/6g
Φ20 H11/h11
B
M40×2-6g
Φ44 H11/c11
Φ20
M40×2-6g
49
114
阀体接头 5B
47
47
阀体 9A
Φ53
65×65
A

6-11　读懂 74 页手压油泵装配图，拆画泵体 1 的零件图。

手压油泵工作原理：泵体 1 内装有活塞 3，活塞 3 上部与手柄 9 通过连接板 5 相连。装在泵体上的进油阀 11、出油阀 10 用管接头（用细双点画线表示）与管道连接。操作时，上提手柄 9 带动连接板 5，使活塞 3 在泵体 1 中向下移动，腔内形成高压，润滑油便顶开出油阀 10 的钢球而流出。当下压手柄 9 时，活塞 3 从泵体 1 腔底位置向上移动，此时腔内容积增大，形成真空，出油阀 10 的钢球被弹簧压紧，出油阀 10 关闭；进油阀 11 的钢球被有一定压力的润滑油顶开，进油阀 11 开启，润滑油被吸入泵体 1。如此反复提、压手柄 9，润滑油便被输送到需要润滑的部位。在泵体 1 顶部，护罩 4 用螺钉 12 固定，起到保护作用。

12	GB/T 65	螺钉	4	Q235A	M6×10
11	06.06.11	进油阀	1		M18×1.5，组合件
10	06.06.10	出油阀	1		M18×1.5，组合件
9	06.06.09	手柄	1	Q235A	
8	06.06.08	销钉	1	45	
7	GB/T 91	销	3	Q235	1.6×10
6	06.06.06	销钉	2	45	
5	06.06.05	连接板	2	Q235A	
4	06.06.04	护罩	1	Q235A	
3	06.06.03	活塞	1	45	
2	06.06.02	活塞环	2	3809	
1	06.06.01	泵体	1	HT150	
序号	代号	名称	数量	材料	备注

制图	(姓名)	(日期)	手压油泵		图号
审核	(姓名)	(日期)			
校名	班级/学号		共　张	第　张	比例

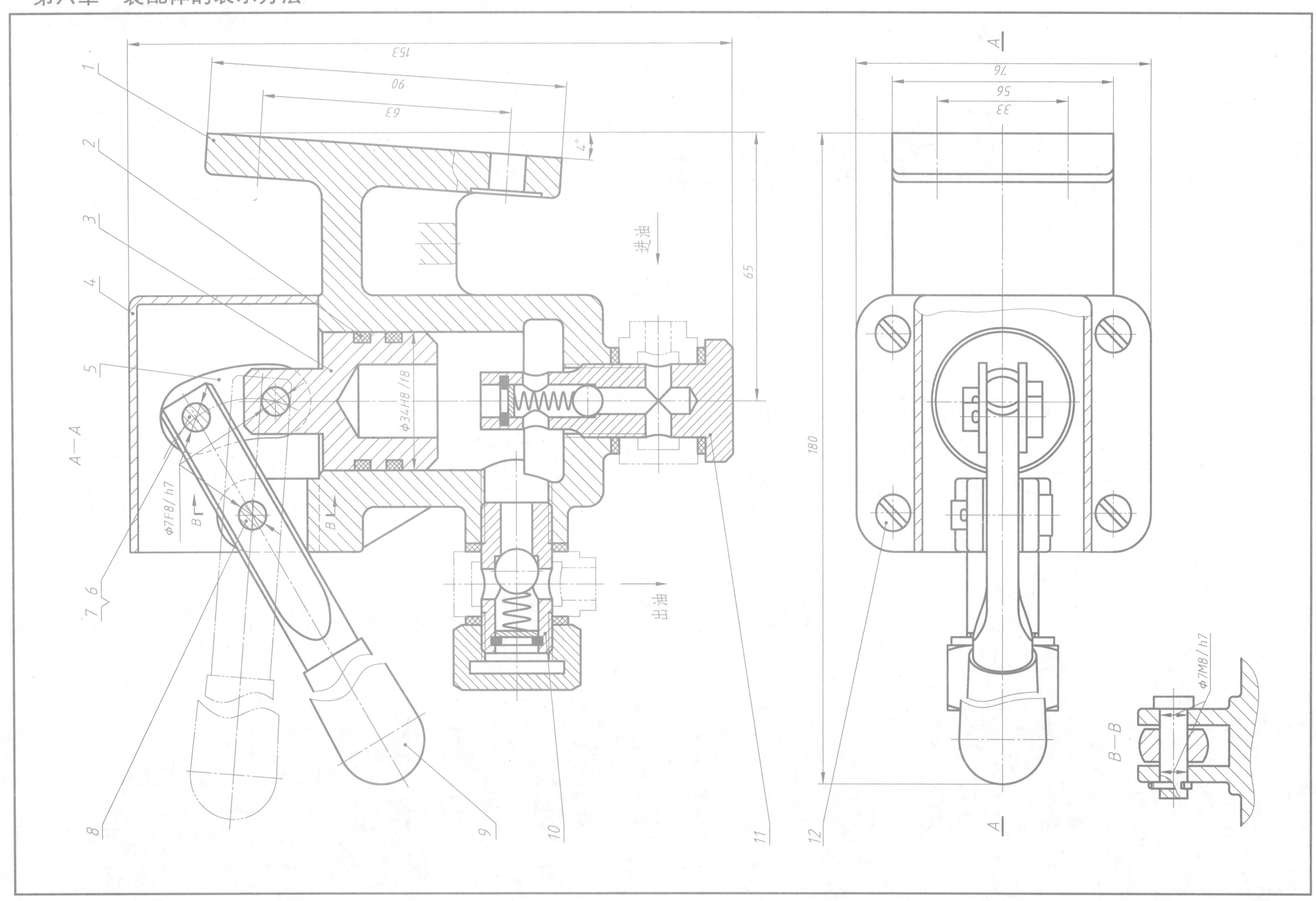
153
90
63
4°
65
进油
出油
φ34H8/f8
φ7F8/h7
A—A
B
B
1
2
3
4
5
7 6
8
9
10
11
12
A
A
76
56
33
180
B—B
φ7M8/h7

 制图 班级 学号 审阅

6-12　读懂 76 页溢流阀装配图，拆画阀体 1、滑阀 4、阀盖 8、调节螺母 10 的零件图。

溢流阀工作原理：溢流阀是液压传动系统中常用的一种压力控制阀，其功能主要是依靠液体压力和弹簧力平衡的原理来实现压力控制。

进油口 Ⅰ 与油腔 a 相通，回油口 Ⅱ 与油腔 b 相通。压力油从进油口 Ⅰ 进入油腔 a，经过中心导油孔作用于滑阀 4 的左端。当系统压力较低时，滑阀 4 在弹簧 5 的作用下处在最左端位置，将溢流口封闭；当系统压力升高到一定值时，滑阀 4 克服弹簧 5 的压力向右移动，油腔 a 与油腔 b 连通，由进油口 Ⅰ 进入的压力油直接从回油口 Ⅱ 流回油箱，实现溢流作用。

用调节螺母 10 和调节杆 11 调节弹簧 5 的压力，就可以调整溢流阀溢流的压力，最后再由锁紧螺母 9 锁紧。

序号	代号	名称	数量	材料	备注
13	GB/T 70	螺钉	4	35	M12×22
12	GB/T 3452.1	O形密封圈	1	SBR 1500	8×3.55
11	06.07.11	调节杆	1	45	
10	06.07.10	调节螺母	1	35	
9	06.07.09	锁紧螺母	1	尼龙66	
8	06.07.08	阀盖	1	HT200	
7	06.07.07	油塞	2	Q235A	M14×1.5
6	GB/T 3452.1	O形密封圈	1	SBR 1500	5×3.55
5	06.07.05	弹簧	1	65Mn	
4	06.07.04	滑阀	1	40Cr	
3	GB/T 3452.1	O形密封圈	1	SBR 1500	20×3.5
2	06.07.02	后螺盖	1	35	
1	06.07.01	阀体	1	HT200	

制图	(姓名)	(日期)	溢流阀		图号
审核	(姓名)	(日期)			
校名		班级/学号	共 张	第 张	比例 1:1

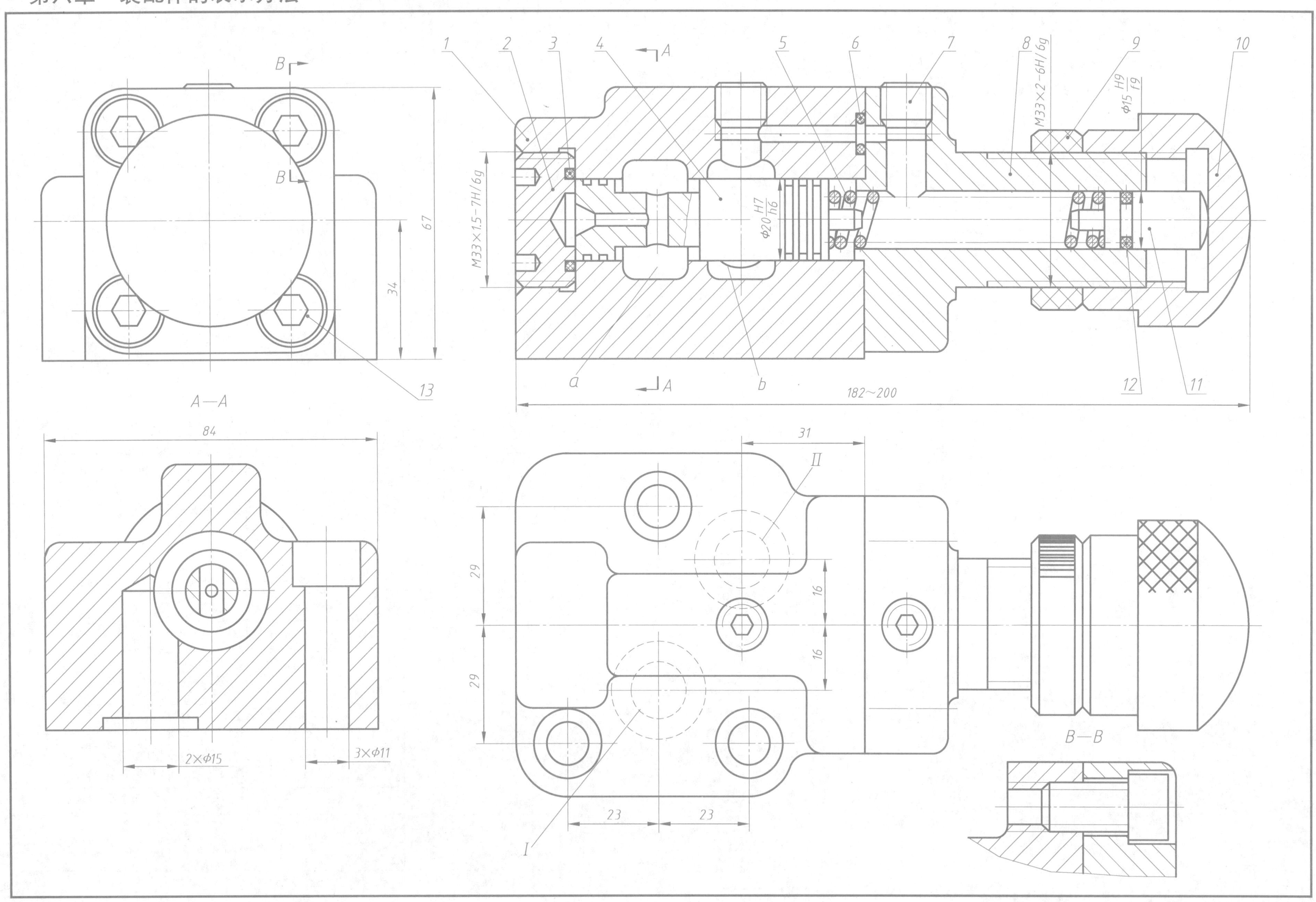

1
2
3
4
5
6
7
8
9
10
11
12
13
A
B
B—B
A—A
a
b
I
II
M33×1.5-7H/6g
M33×2-6H/6g
Φ20 H7/h6
Φ15 H9/f9
182~200
67
34
84
2×Φ15
3×Φ11
31
29
29
16
16
23
23

第四篇　实践应用篇

第七章　图样表达综合实践

一、综合实践大作业要求

1. 明确综合实践大作业题目

通过查阅资料等方式读懂各装配图所表达部件的工作原理、零件间的装配连接关系及组成结构，完成装配体及组成零件的三维与二维表达，并以文档和 PPT 方式描述对各部件的理解与认识。

2. 明确综合实践大作业工作要求

1）查阅资料，了解装配体基本情况、工作原理、作用及应用领域。

2）分析各组成零件的装配关系、结构特点，完成零件及装配体的三维表达。

3）根据各组成零件的形体特征，选择合理的视图表达方案，完成零件的二维零件图表达。

4）根据装配体的形体特征和零件装配关系，由装配体三维模型生成二维装配图。

5）根据对装配体工作原理的认识与理解，完成装配体工作原理动画制作。

6）记录收获与感悟，记录实践过程中的疑难与困惑及其解决方法，分析和总结有无可改进之处。

7）完成综合实践报告，制作实践汇报答辩 PPT。

3. 明确综合实践大作业需提交的文档

（1）综合实践报告

（2）各组成零件的三维建模文件与二维零件图文档

（3）装配体的三维建模文件和二维装配图文档

（4）装配体工作原理动画

（5）答辩用 PPT

（6）深入探究题目而生成的其他资料（非必需）

二、综合实践大作业题目

7-1　根据题 6-9 减压阀的工作原理及装配图，按要求完成综合实践大作业。

7-2　根据题 6-10 球阀的工作原理及装配图，按要求完成综合实践大作业。

7-3　根据题 6-11 手压油泵的工作原理及装配图，按要求完成综合实践大作业。

7-4　根据题 6-12 溢流阀的工作原理及装配图，按要求完成综合实践大作业。

7-5　根据如下蝴蝶阀的工作原理及第 78 页的蝴蝶阀装配图，按要求完成综合实践大作业。

蝴蝶阀的工作原理：蝴蝶阀的外壳由阀体 1、阀盖 5 和盖板 10 组成，三者之间用开槽圆柱头螺钉 6 装配连接。齿杆 13 由阀盖 5 和旋入阀盖 5 中的紧定螺钉 11 限定位置；齿杆 13 与齿轮 7 间为齿轮齿条传动；齿轮 7 由半圆键 8、阀杆 4 的轴肩定位，并由螺母 9 固定。阀门 3 由铆钉 2 定位并固定在阀杆 4 上。当推、拉齿杆 13 时，齿杆 13 带动齿轮 7 旋转，齿轮 7 的旋转带动阀杆 4 和铆接在阀杆 4 上的阀门 3 转动，阀门 3 的转动可以调节阀体 1 上孔的流通断面面积，从而实现节流或增流。

7-6　根据如下虎钳的工作原理及第 79 页的虎钳装配图，按要求完成综合实践大作业。

虎钳的工作原理：转动螺杆 1 时，由于螺杆 1 右端凸肩和左端螺母 10 的阻止，螺杆 1 只能转动而不能沿轴向移动，从而驱使与螺杆连接的螺母 8 沿轴向移动。由于螺母 8 和活动钳身 6 之间是用压紧螺钉 7 固定连接的，因此螺母 8 能够带动活动钳身 6 沿轴向移动，从而达到将工件夹紧在两钳口板 4 之间的目的。第 79 页装配图中标注了虎钳钳口板张开的范围为 0 ～ 48mm，也即虎钳能夹持的工件的厚度尺寸范围，它也是虎钳的规格尺寸，虎钳的安装尺寸为 94，安装时用螺栓通过 2 个 $\phi 9$ 孔将虎钳固定在工作台上。

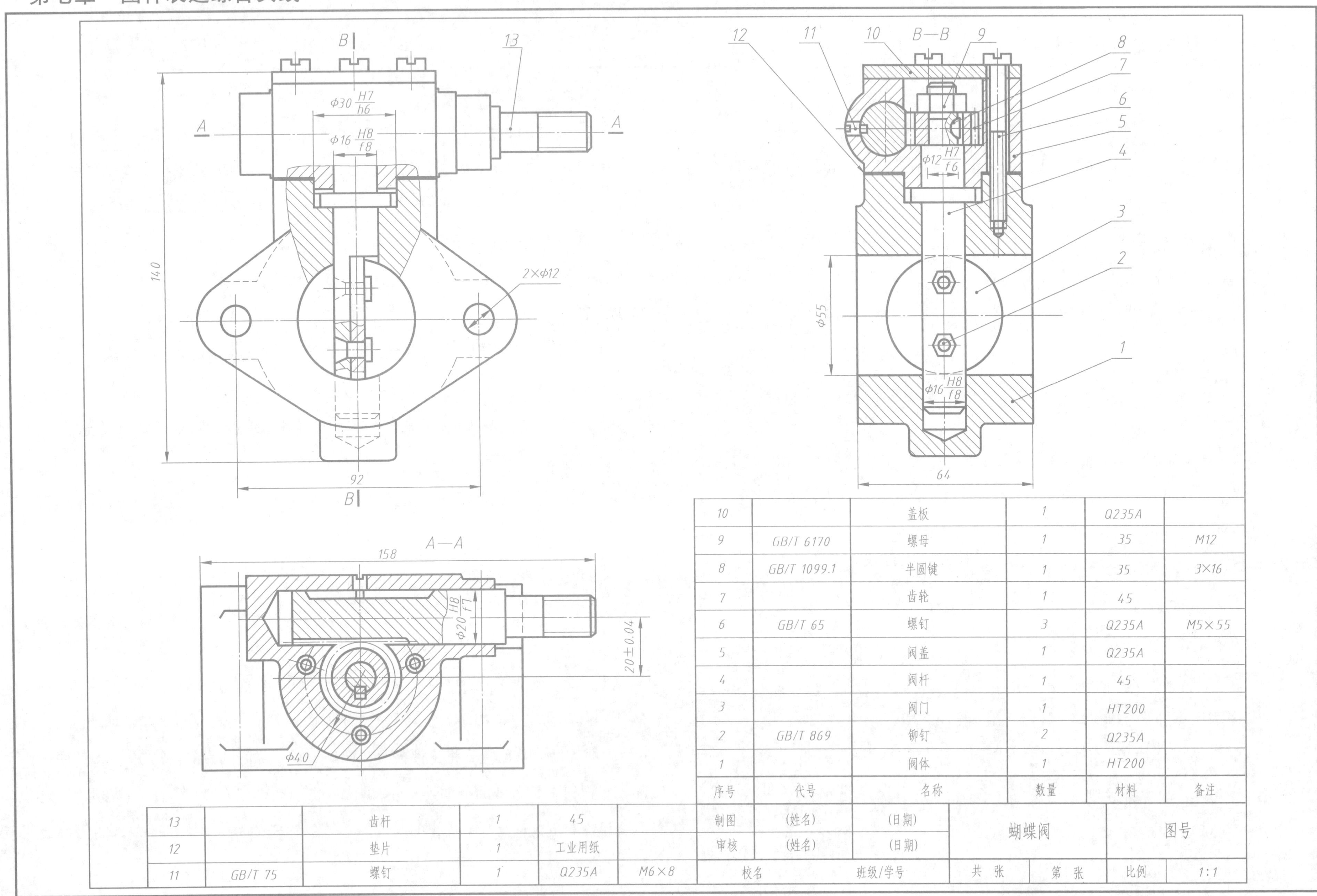

10		盖板	1	Q235A	
9	GB/T 6170	螺母	1	35	M12
8	GB/T 1099.1	半圆键	1	35	3×16
7		齿轮	1	45	
6	GB/T 65	螺钉	3	Q235A	M5×55
5		阀盖	1	Q235A	
4		阀杆	1	45	
3		阀门	1	HT200	
2	GB/T 869	铆钉	2	Q235A	
1		阀体	1	HT200	
序号	代号	名称	数量	材料	备注

13		齿杆	1	45		制图	(姓名)	(日期)	蝴蝶阀		图号	
12		垫片	1	工业用纸		审核	(姓名)	(日期)				
11	GB/T 75	螺钉	1	Q235A	M6×8	校名		班级/学号	共 张	第 张	比例	1:1

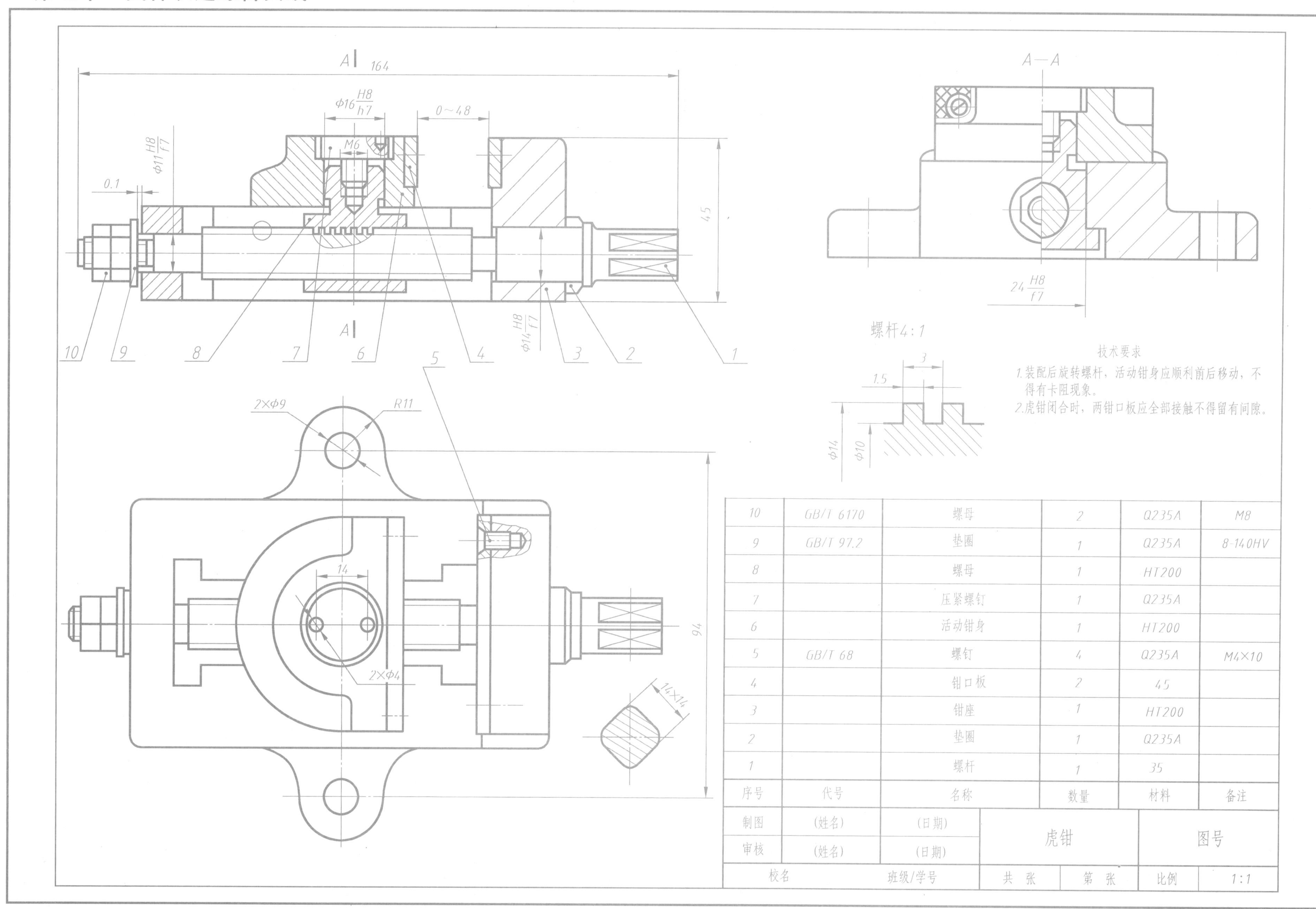

10	GB/T 6170	螺母	2	Q235A	M8
9	GB/T 97.2	垫圈	1	Q235A	8-140HV
8		螺母	1	HT200	
7		压紧螺钉	1	Q235A	
6		活动钳身	1	HT200	
5	GB/T 68	螺钉	4	Q235A	M4×10
4		钳口板	2	45	
3		钳座	1	HT200	
2		垫圈	1	Q235A	
1		螺杆	1	35	
序号	代号	名称	数量	材料	备注

制图	(姓名)	(日期)	虎钳		图号
审核	(姓名)	(日期)			
校名		班级/学号	共　张	第　张	比例 1:1

参考文献

[1] 续丹. 3D机械制图习题集[M]. 2版. 北京：机械工业出版社，2008.

[2] 许睦旬，徐凤仙，温伯平. 画法几何及工程制图习题集[M]. 5版. 北京：高等教育出版社，2017.

[3] 续丹，许睦旬. 三维建模与工程制图习题集[M]. 北京：机械工业出版社，2020.

[4] 王雪飞，郭莉，王丹虹. 现代工程制图习题集[M]. 3版. 北京：高等教育出版社，2022.